植物王国探奇

奇异植物世界

谢宇　主编

花山文艺出版社

河北·石家庄

图书在版编目（CIP）数据

奇异植物世界 / 谢宇主编. -- 石家庄 ：花山文艺
出版社，2013.6（2022.2重印）
　（植物王国探奇）
　ISBN 978-7-5511-1153-9

　Ⅰ. ①奇… Ⅱ. ①谢… Ⅲ. ①植物－青年读物②植物
－少年读物 Ⅳ. ①Q94-49

　中国版本图书馆CIP数据核字(2013)第128564号

丛 书 名：植物王国探奇
书　　名：奇异植物世界
主　　编：谢　宇
责任编辑：贺　进
封面设计：慧敏书装
美术编辑：胡彤亮
出版发行：花山文艺出版社（邮政编码：050061）
　　　　　（河北省石家庄市友谊北大街 330号）
销售热线：0311-88643221
传　　真：0311-88643234
印　　刷：北京一鑫印务有限责任公司
经　　销：新华书店
开　　本：880×1230　1/16
印　　张：12
字　　数：170千字
版　　次：2013年7月第1版
　　　　　2022年2月第2次印刷
书　　号：ISBN 978-7-5511-1153-9
定　　价：38.00元

编 委 会 名 单

⋮⋮ 前　言 ⋮⋮

　　植物是生命的主要形态之一，已经在地球上存在了25亿年。现今地球上已知的植物种类约有40万种。植物每天都在旺盛地生长着，从发芽、开花到结果，它们都在装点着五彩缤纷的世界。而花园、森林、草原都是它们手拉手、齐心协力画出的美景。不管是冰天雪地的南极，干旱少雨的沙漠，还是浩渺无边的海洋、炽热无比的火山口，它们都能奇迹般地生长、繁育，把世界塑造得多姿多彩。

　　但是，你知道吗？植物也会"思考"，植物也有属于自己王国的"语言"，它们也有自己的"族谱"。它们有的是人类的朋友，有的却会给人类的健康甚至生命造成威胁。《植物王国探奇》丛书分为《观赏植物世界》《奇异植物世界》《花的海洋》《瓜果植物世界》《走进环境植物》《植物的谜团》《走进药用植物》《药用植物的攻效》8本。书中介绍不同植物的不同特点及其对人类的作用，比如，为什么花朵的颜色、结构都各不相同？观赏植物对人类的生活环境都有哪些影响？不同的瓜果各自都富含哪些营养成分以及对人体分别都有哪些作用？……还有关于植物世界的神奇现象与植物自身的神奇本领，比如，植物是怎样来捕食动物的？为什么小草会跳舞？植物也长有眼睛吗？真的有食人花吗？……这些问题，我们都将一一为您解答。为了让青少年朋友们对植物王国的相关知识有进一步的了解，我们对书中的文字以及图片都做了精心的筛选，对选取的每一种植物的形态、特征、功效以及作用都做了详细的介绍。这样，我们不仅能更加近距离地感受植物的美丽、智慧，还能更加深刻地感受植物的神奇与魔力。打开书本，你将会看到一个奇妙的植物世界。

　　本丛书融科学性、知识性和趣味性于一体，不仅可以使读者学到更多知识，而且还可以使他们更加热爱科学，从而激励他们在科学的道路上不断前进，不断探索。同时，书中还设置了许多内容新颖的小栏目，不仅能培养青少年的学习兴趣，还能开阔他们的视野，对知识量的扩充也是极为有益的。

本书编委会

2013年4月

目 录

食虫的植物

"流血"的植物

神奇的花

有趣的植物

有毒的植物

毒品植物

芳香植物

经济植物

食虫的植物

瓶子草

在我们的印象中，动物吃植物是正常的、天经地义的。但若听说植物吃动物，就会觉得很奇怪。这种现象的确很少见，不过也不仅仅是传说。其实，世界上常见的食虫植物多达400种以上，仅我国就有30多种。

食虫植物依靠捕捉被困在它们叶子中的小型脊椎动物和昆虫来获取养分。它捕获猎物的办法有很多，如分泌黏液、设计陷阱、迅速闭合等。它们通常用叶子分泌的特殊液体把捕捉到的小动物消化掉，或者利用真菌和细菌加工消化。

食虫植物多生长在缺乏氮素或其他矿物质的土壤、岩石或沼泽里，

再加上它们的根不够发达，因而环境中的养料满足不了它们生长发育的需要。然而，像这样的地方却有很多动物和昆虫。为了适应环境，这些植物的叶片逐渐发生变化，形成各种各样奇妙的捕虫工具，它们就靠这些捕虫工具来捕捉小动物，从而达到补充营养、维持生命的目的。

在北美洲东部，有一个食虫植物世家，它们靠"玉净瓶"捕食小虫。这个家庭的成员只有9种，都是矮小的草本植物，不要小看这些矮小植物，它们的捕虫本领非常高。捕虫的"瓶子"在草丛中直立或斜卧，人们就以"瓶"为名，把它们统称为"瓶子草"。

在瓶子草中分布最广、出名最早的是紫红瓶子草。这种瓶子草非常美丽，它那胖胖的瓶状叶，就像莲座一样围成一圈。到了春天，从叶丛中伸出一支花葶，在花葶顶端长出一朵向下低垂如小碗似的紫红色花朵。不过，紫红瓶子草最受人赏识的还是能捕虫的瓶状叶。

猪笼草

在我国云南省潮湿的山谷里生长着各种各样的奇花异草,无数的昆虫在其间飞来飞去,寻找着诱人的花蜜。小蜜蜂在草丛中飞舞,突然闻到一阵蜜一般的花香,它左右寻觅,终于找到了,香味原来是旁边的猪笼草散发出来的。

猪笼草有3米多高,是一种蔓生植物,看上去像喇叭花或百合花。猪笼草的叶片非常奇特,宽大叶片的尖端延伸出一根卷须,卷须的前端膨大成一个花瓶状的捕虫袋。袋内大约1/3的部分装

着液体，这些液体散发诱人的香味，小蜜蜂就是被它的香味吸引过来的。袋子上面有一个半开的盖子，可以防止雨水淋到袋子里去。小蜜蜂飞向猪笼草，毫无戒备地降落在"花瓶"的瓶口。"瓶口"和内部都长有向下斜生的锐利小齿，并且齿的下边附有一层薄蜡。小蜜蜂的脚一踏上"瓶口"便会滑向内部，而倒生的齿则阻止它往上挣扎，它毫无办法，只能继续滑下去，当掉落进散发香味的液体里时，盖子就自动盖上了。

捕虫袋内的大部分液体都是捕虫袋内壁的腺体所分泌的黏液，黏液中含有分解蛋白质的酶。小蜜蜂落到这种液体中就会被消化分解，变成能被猪笼草吸收的养料。等到猪笼草老了，捕虫袋就无法再分泌这类酶，而只能靠液体中的细菌来分解捕获的猎物了。可怜的小蜜蜂挣扎了好久，还是慢慢地死去，变成了猪笼草的一顿美餐。

　　猪笼草的捕虫袋有不同的颜色，红的、绿的、玫瑰色的，还常点缀着紫色的斑点，非常美丽。形状也各不相同，有卵状的、奶瓶状的，也有喇叭状的。

眼镜蛇草

　　有这样一种植物，它的植株不高，但是很粗壮，外观看起来像一条有着镰刀状脖子、目光凶残、正准备扑向猎物的眼镜蛇，人们称其为"眼镜蛇草"。

　　眼镜蛇草和瓶子草、猪笼草一样，都是靠瓶状捕虫叶来捕食小虫的植物，但是在具体的捕虫招数和捕虫器的构造上，眼镜蛇草又另辟蹊径，令人称奇。

眼镜蛇草的叶子内部中空，里面有一些含有消化酶的液体，这个空洞有一个口，当小虫闻到蜜汁的味道，就会追着香味进入洞中，这一进就仿佛进入了迷宫，想要出去就很难了。因为在洞的上方有很多明亮的"小窗户"，小虫受"小窗户"的误导，总是想从上方爬出或飞出去。但努力注定会失败，因为那"小窗户"只是透光而已，并没有敞开，真正的洞口在叶子的下方。小虫在洞里既吃不到蜜汁又飞不出去，着急地在里面撞来撞去，稍不留神就掉到了下面含有消化酶的液体里，也就只能被慢慢地消化，成为眼镜蛇草的营养品了。

知识全接触

每一株眼镜蛇草都有几个甚至十几个像眼镜蛇一样的瓶状叶，远远看上去就像一群挺起上身的眼镜蛇，非常恐怖。虽然它们看起来凶猛，但是在一些体型较大的动物面前，却不堪一击，有些鸟类就专门把它们的瓶状叶啄破，然后吃掉里面没分解完的小虫，如果没有小虫，就喝掉美味的肉汤。

捕蝇草

在炎热的夏天，可恶的苍蝇到处都是，人们总是想尽各种办法对付苍蝇。其实，不止人，有的植物也会捉苍蝇，捕蝇草就有这样的功能，而且它还依靠吃苍蝇来维持生存。

捕蝇草是一种十分有趣的食虫植物，它只生长在美国南、北卡罗来纳州的潮湿草地上。它身材矮小，比一株车前草或蒲公英大不了多少。它的叶子几乎贴地而生，但叶子的功能和形状却与一般的植物有很大的不同。捕蝇草的叶子有几片到十几片，每片叶子都有绿色的叶柄，叶柄的中央有一条叶脉从顶端伸出，成为近似半圆

形裂片的中轴。这对裂片呈
80°角张开,很像一只打开了
蚌壳的河蚌。这两片酷似蚌壳
的裂片和它们中间的轴,就组
成了捕蝇草的捕虫夹。

捕虫夹能分泌蜜汁,当
苍蝇闯入时,捕蝇草迅速合上
夹子,边缘的长齿也随即交叉
搭合在一起,把苍蝇紧紧围困
在里面。苍蝇无计可施,只能
等死。此时,捕蝇草捕虫夹中

知识全接触

捕蝇草冷酷的外形和独特的捕虫本领,使它成为人们宠爱的植物。目前,它被世界各地当作珍奇植物栽培,甚至摆在了超市的柜台上,供人们购买和观赏。

的消化腺便开始分泌一种红色的消化液,这种消化液就慢慢地把苍蝇的尸体分解了。等把苍蝇吃完以后,捕虫夹又重新打开,等待下一个猎物。

有人可能会提出疑问,如果落叶、枯枝落入捕虫夹里,捕蝇草岂不是要将消化液浪费在这些无法消化的落叶、枯枝上了吗? 其实捕蝇草不光有趣,还非常聪明,如果闯入的猎物,在它合上夹子以后,没有挣扎,过一段时间后,它就会重新打开夹子,等待下一个猎物的到来。

毛毡苔

在越战期间，美国的陆军74团奉命执行任务，来到了越南的一片森林里。在那里，他们发现了一块面积很大的平地，没有榕树、灌木丛及藤本植物，而只有类似豪华地毯的紫色草苔，少校帕克·诺依下令就地休息，麦克·西弗等3名士兵奉命去寻找水源、干柴。等他们回来的时候却发现25名官兵全部不见了踪影，紫色的草毯上只剩下了枪械。20世纪90年代，几位生物学家进入这片森林考察，证实了越战期间消失的官兵是被美丽的草毯吞食了，那草毯就是一片毛毡苔。

毛毡苔在非洲、亚洲和北美洲比较常见，为多年生草本植物，植株很小，不仔细看很难看到。它根系不发达，没有茎，叶子呈匙型，腺毛为红紫色，沿着叶子边缘生长，叶子的颜色从绿色到红色，开美丽的白花。

毛毡苔是著名的食虫植物，它的叶层像一个个刷子，每片叶片上都长有很多刚毛，有200根左右，刚毛的顶端有一滴水珠。小虫一旦落在毛毡苔的叶子上，就会立刻被毛尖分泌的黏液给粘住。小虫很惊慌，拼命地挣扎，越挣扎碰到的毛越多，而那些毛也纷纷转过来阻止小虫挣扎，把它紧紧地裹起来。小虫被困在那儿，被叶子分泌出来的消化液一点点地消化掉，最后被毛毡苔吸收。要等到小虫被完全吸收以后，毛毡苔的毛才伸直，把没能消化的残渣丢掉，然后恢复原状。

知识全接触

食虫植物并不是全靠捕食小虫维持生命，这只是它们日常所吸收的一部分养分。它们也能用根吸收养分，也依靠叶子进行光合作用，只是这些机能不如其他植物强大。

狸　　藻

大多数食虫植物都在陆地上设置陷阱捉虫，那么在水下有没有设陷阱捕虫的植物呢？有，它就是狸藻。一听到狸藻二字，很多人都顾名思义地认为它是藻类。其实不然，狸藻不是藻类，而是一种水生的被子植物，属于狸藻科狸藻属。狸藻属是食虫植物中最大的一个属，约有275种，分布于世界各地。我国有17种以上，常见的有密花狸藻、黄花狸藻、狸藻等。

狸藻的茎细长，根系不太发达，全身柔软，呈绳索状。它的叶子像一团丝，把叶子分开，就可以看到梗上长有很多"小口袋"。这种"小口袋"有绿豆那么大，形状很像捉鱼虾用的鱼篓子，有一个口，外面长有很多刚毛，入口处有一个向里开的"小盖子"，水中游动的小生物如果碰到"小盖子"，"小盖子"会自动向里打开。小

生物就会顺着水流入"小口袋"内，便成了狸藻的猎物。如果猎物相对较大，不能全部进入"小口袋"，它就只吞食头部或尾部。有的时候也会出现一个"小口袋"吞食头部、另一个"小口袋"吞食尾部的情况。

为什么狸藻有这种奇妙的本领呢？原来，狸藻有能调节水压的叶绿素活瓣，既能吮吸，也能关闭"小盖子"，它就像一个小水压的开关，利用"小口袋"内外压力的改变，把小生物吸进袋内，等到袋内的小生物被消化吸收后，活瓣门又打开了，它们把小生物的残渣抛出袋外，再重新布置好机关，等待其他的小生物送上门来。

知识全接触

大多数狸藻都是水生的，不过也有例外。在南美洲森林的落叶上生长着一种陆生的狸藻，它的叶片和叶柄都是绿色的，植株像个马铃薯，中部膨大，是储存食物的地方。从这里长出一些茎，茎上有补充囊，能捕捉肉眼看不到的小生物。此外，还有一些陆生的狸藻附生在苔藓等植物上，能捕捉悬浮在空气中的小生物。

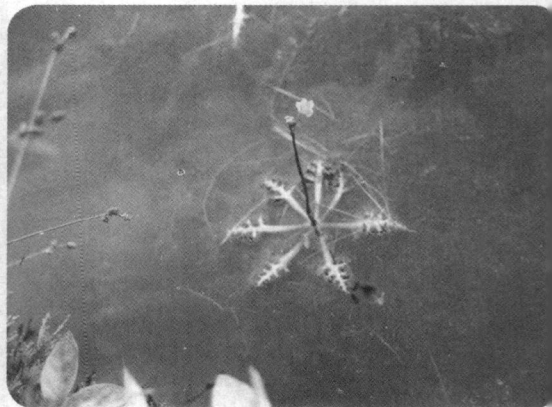

"流血"的植物

龙血树

　　一般的树木，在被砍伤以后，会流出无色透明的液体，像牛奶树、橡胶树等则可以流出白色的汁液。但是，你可能不知道还有些树竟能流出"血"来。在我国西双版纳的热带雨林里有一种很常见的树，叫"龙血树"。龙血树看起来很普通，但是当它受伤以后，会流出一种紫红色的树脂，这种树脂看起来很像血液，被广泛运用于医学和美容。

　　在当地，关于这种树还有一个传说，说是在很久很久以前，一条龙和一头大象在这里发生争执，于是进行搏斗，结果龙受了伤，龙的鲜血滴到树下，滋养了

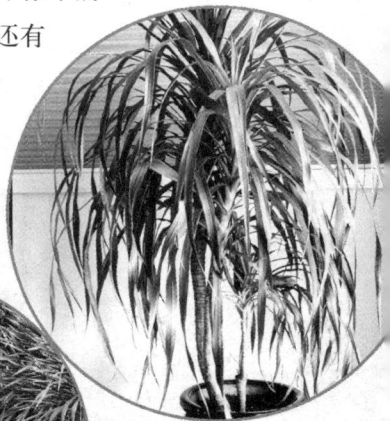

这种树，以后这种树就有了红色的"血液"。

龙血树被砍伤后，流出的紫红色树脂会把受伤部分染红，这块被染红的坏死木，是一种名贵的中药，中药名为"血竭"。血竭可治疗筋骨疼痛。龙血树的树脂还是一种很好的防腐剂，古代人用它做保藏尸体的原料。它也是做油漆的原料。

知识全接触

龙血树材质疏松，树身中空，枝干上都是窟窿，因此做不了栋梁，而且由于它烧火时只冒烟不起火，也不能当柴火用，因此人们还称它为"不才树"。

龙血树属于单子叶植物，一般来说，单子叶植物长到一定程度就不继续长粗了，但龙血树茎中的薄壁细胞却能不断分裂，使茎逐年加粗。所以，龙血树虽然不高，但树干很粗壮，常可达1米左右。

龙血树的故乡在大西洋的加那利群岛。全世界有150多种，我国仅有5种，生长在海南岛、云南等地。龙血树的寿命很长，最长的可达6 000多岁。

胭脂树

热带地区有一种有名的植物，亚马孙河流域与西印度群岛的原住居民常常取其种子，然后拌和唾液，用手掌揉搓，涂抹脸部，看起来就像涂上了胭脂一样，人们称这种树为"胭脂树"。

胭脂树是红木科红木属常绿小乔木，在我国广东和云南等地也有分布，如果把它的树枝切开或者折断，会流出像"血"一样的汁液。胭脂树一般高3~4米，有的可达10米以上。叶子的形状、大小和向日葵叶很相似，叶子的背面有红棕色的小斑点，花特别美丽，而且还有多种颜色，有白色、红色，还有蔷薇色；果实是红色的，外面有很多柔软的刺，里面藏着暗红色的种子，种子的肉质外皮可作为红色染料，用来渍染糖果，也可为丝棉等纺织品染色。

胭脂树的种子能入药，为收敛退热剂。树皮富含纤维，非常坚韧，可以制成结实的绳索。木材轻软、结构粗，容易加工，可作为建筑和家居等用材。

鸡血藤

在我国南方山林的灌木丛中，生长着一种攀缘缠绕在其他树木上的植物——鸡血藤。看起来它没有什么特别之处，但是当人们用刀子把藤条割断时，其特别之处就显现出来了，它会流出红棕色的汁液，然后慢慢变成鲜红色，很像鸡血，所以叫"鸡血藤"。在植物界，正是这种稀奇古怪、姿态万千的植物深深地吸引着人们，不断地去探索其中的奥秘。

经过化学分析，鸡血藤的"血液"里含有还原性糖、凝质和树脂等物质，可供药用，有活血、祛痛、散瘀等功效。它的茎皮纤维还可制造纸张、绳索、人造棉等，茎叶还可做灭虫的农药。

每到夏季，鸡血藤便开出玫瑰色的美丽花朵，冬季常半绿，可供观赏。

神奇的花

风雨花

大多数娇艳的花朵，一经暴风骤雨的吹打，就落英缤纷了，诗句"夜来风雨声，花落知多少"形象地说明了这种现象。但是，有一种花偏偏"喜爱"风雨，暴风雨不来，它"不屑"开放。等到风雨交加的时候，它便昂首开放，粉红色的小花，一簇簇、一团团，远望像熊熊燃烧的烈火，开得欢、开得旺，好一派雨中奇观。它就是名副其实的风雨花。

风雨花又叫"菖蒲莲"，是石蒜科多年生草本花卉，它的叶子很像韭菜的长叶，呈扁线形，为油绿色，弯弯悬垂，几乎和地面相贴；地下具卵形鳞茎。风雨花原产于墨西哥和古巴等地，我国东

南沿海地区的人们常把它作为观赏花卉栽培。

在西双版纳密林的边缘、空旷的地方和悬崖上，也有一片片的风雨花，人们偶尔能观赏到风雨花盛开的奇观。

西双版纳的天气就像小孩子的脸，变化无常，说变就变。本是艳阳高照，但转眼可能就狂风大作，电闪雷鸣。但这时，几乎所有的风雨花都争相开放，似乎在相互攀比，看谁开得最娇艳，最美丽。

风雨花为什么喜欢在风雨中开放呢？原来，风雨花是一种感热性植物，花的开合受温度的控制。一般要经过2～3年以后，它的地下鳞茎才能对温度条件起反应，从而形成花器官的雏形，但是花器官的长大还需要特殊的外界条件。在暴风雨快要来临的时候，气候条件会发生一系列的变化，气温升高、气压降低、水分的蒸腾量增大。在这种情况下，风雨花鳞茎内的促花激素倍增，刺激花芽生长而使花开放。这一特殊的生理功能，恰好能够提供气候变化的信息，人们可以利用它来预测天气。

豹皮花

　　在非洲南部的干旱地区，生长着一种臭花，它的叶子已经退化，茎肥厚多汁，形状像仙人掌科植物，但等到开花的时候，它的身份就暴露了，它是萝藦科植物。花朵看起来肉乎乎的，还长有许多细毛，由5枚花瓣组成五角星形，花瓣为黄色，上面分布着棕红色的横纹或斑点，很像金钱豹的毛皮，因此被称为"豹皮花"。由于花的形状呈五角星形，很像军人的帽徽，又称"徽纹掌"。

　　豹皮花在开放时，会散发出浓烈的腐肉臭味。它为什么要散发臭味呢？原来它散发的臭味与花的香味有"异曲同工"之妙，也是为了传粉。人类讨厌的臭味，有些昆虫却很喜欢，如专吃腐烂物的腐生蝇类和趋臭性甲虫，可以吸引它们来这里产卵或觅食。其实，被臭味引来的昆虫，在花朵中根本找不到一点可以吃的东西。至于它们为什么依旧追过来，还需要进一步研究。总之，这些昆虫闻到臭味以后，就很兴奋，你追我赶地在花中乱爬，同时也帮助花传递了花粉。

　　其实豹皮花的臭味是在模拟腐烂蛋白质、尸体和粪便的味道，想以此为"诱饵"，招来传粉的"媒人"。

能红一百天的花
——百日草

"人无千日好，花无百日红"，你一定知道这句流传很广的谚语，这句话的意思是说再美丽的容颜也有老去的一天，再好看的花，不过百日也会凋谢。后来多比喻青春短暂、好景不长或情意难以持久。但是，花真的不过百日就会凋谢吗？一般的花的确如此，但大自然是神奇的，它为我们创造了能红一百天的花——百日草。百日草生命力顽强，耐干旱，是世界名花，受到各国人民的喜爱。

百日草是菊科百日草属1年生草本植物，原产于北美洲及南美洲等地，现在很多国家都有种植。株高30~100厘米，茎直立，被有硬毛。花朵的直径约10厘米，花的颜色很多，有黄色、红色、白色、绿色等。

百日草在6~9月陆续开放，能够长时间地保持鲜艳的色彩，因此，人们多用它来赠送朋友，象征友谊天长地久。更有趣的是，百日草的第一朵花开在顶端，侧枝开的花比顶端开的还要高，所以又被称为"步步高"。

百日草花形很丰富，适合布置花坛。高种可作切花，矮种可作盆栽观赏。观其花朵，一朵比一朵高，能激发人的上进心。另外，百日草的叶、花均可入药，有消炎、祛湿热的功效。

知识全接触

百日草的花语是友情、兴奋、怀念和思念。

变色花

　　梨花白、桃花红，从花开到花落，它们的颜色都没有什么变化。但是有些植物的花就不这么"守规矩"，因为它们会变颜色，只要你细心观察，就会发现会变颜色的花有很多。如杏花含苞待放时是红色的，开放以后，颜色就慢慢变浅了，到快凋谢的时候几乎为白色。喇叭花初开的时候是红色的，到凋谢时就变成了紫色。金银花开的时候是白色，随后就会变成黄色。

　　八仙花在一些土壤里开粉红色的花，在另一些土壤里开蓝色的花。有些花在受精后也会变色，如棉花，刚开时为黄白色，受精后就会变成粉红色。

　　在我国广西、广东分布有一种叫作"使君子"的藤本灌木，每年夏、秋时节开花，这些花在黄昏初开的时候是白色，到了第二天早晨花就变成了粉红色，到了傍晚变成红色，3天以后则是紫红色。

　　墨西哥有一种植物，它的花在一天之内能变好几次颜色。黎明的时候是白色，然后慢慢变成玫瑰色，快到中午的时候，它就变成了红色，到傍晚的时候，它就变成了紫色，夜里它又恢复了黎明时的颜色。更为有趣的是，这种花对散发香味的时间也比较苛刻，只有在呈白色的时候，才有香味。

我国云南也有一种会变颜色的木本花卉，每次开花时，枝叶都特别茂盛，边开花边吐出新的花蕾，集千万朵花于一树，看起来非常壮观。更为奇妙的是，每朵花在凌晨初开的时候是淡红色的，到了中午，花完全盛开了，颜色变成白色，到了下午3点钟以后，花渐渐变成粉红色，晚上9点钟以后，再一看，花变成大红色了，午夜12点以后，花就是玫瑰色的了。

很多人都觉得奇怪，花朵为什么会变颜色呢？我们都知道，花之所以有各种鲜艳美丽的色彩，是因为花瓣的细胞中存在着色素。有些花含有一种叫"花青素"的色素，花青素遇碱会变蓝，遇酸会变红。还有一些花含有"胡萝卜素"，这种色素可使花呈橙黄色、黄色、橙红色。花之所以会变颜色，就是由于花朵里的色素随着温度、酸碱度等的变化而发生了变化。

开花的"石头"
——生石花

有一种植物，它的颜色和形状都很像鹅卵石，却能开出美丽的花。这种看起来像石头，其实并不是石头的植物，就是在国际上享有"活宝石"美称的生石花。

在我国，生石花有"石头子""元宝"之称，日本人则叫它"女仙"。生石花生长在南非干旱的沙漠，那里降雨很少，为了适应环境，它们便由双子叶演化成多肉化的典型球体植物，这样皮层内贮水组织能保存一点水分，它就靠这点水分来维持生命。生石花也能进行光合作用，在被称为"窗"的顶部内有叶绿素，就在这里进行光合作用。

生石花在秋季开花，花朵艳丽多彩，盛开时能将整个植物覆盖。颜色有银白、嫩黄、紫红、粉红等，花形为菊花形。花朵多数都是在午后开放，傍晚的时候闭合，到了第二天的午后再开放，可连续开4～6天。

生石花花谢后能结果实，果实非常细，就像头发丝。果实成熟后就

可以进行播种了，长出的幼苗非常的小，幼苗上盆时，要用10倍的放大镜观看，才能用镊子夹出幼苗栽到盆里。经过1年的生长，幼苗开始分裂脱皮，每脱一次皮，球体就长大一次，需要3年的时间，球体才能长成。另外，在春季生石花开始生长时，原来的植株体会被里面长出的新植株体胀破裂开，每次分裂都长出2~3个新的植株体，它可以用这种不断分裂的方法来繁衍后代。

生石花喜欢阳光充足的环境，特别是在冬季。在夏季，气温保持在30℃以下，生石花生长得最好，冬季气温维持在5℃以上就可以安全越冬了。

目前生石花在我国许多大城市被广为栽培，它的养护管理很简单，只要根据一年四季的气候变化来进行培养就可以了。春季生石花开始生长，要把它放在阳光充足的地方，并给予足够的水分；夏季，它有短暂的"休眠期"，这时候要减少供水，注意遮阴、通风；秋季又开始生长，并开花结果；冬季则进入"休眠期"。

融化人体的花

在坦桑尼亚的一个村落里，有一个医务所，里面的医疗设备算不上精良，屋子也不宽敞，但是由于有一名医术高明的医生，因此，前来看病的患者很多。

1965年的秋天，这位医生忙完了一天的工作，正准备离开的时候，助手突然冲进来，惊慌失措地告诉他，来了一位奇怪的患者。医生随助手来到屋外，被眼前患者的奇特病情惊呆了。患者已经面目全非，肌肉、皮肤和骨骼都已腐烂，脸上的各个器官已经不见了踪影。医生迅速地对患者的伤口进行消毒，涂上了止血的药水，然后缠上绷带。

陪患者来的是他的妻子，她在一旁已泣不成声。患者已经不能说话了，无法从他那里得到任何关于病情来源的信息。医生只能询问他的妻子，妻子告诉医生，她的丈夫在几天前才从外地探险回来，回来的时候身体好好的，没有任何的不舒服。可是今天她出去买东西回来以后，就发现丈夫变成了这副模样。

经过一天的治疗，患者的病情不但没有好转，身上的其他部位也开始腐烂融化了。正当医生对患者的病情百思不得其解的时候，可怕的事情又发生了。患者的妻子又抱着孩子冲进了医务所，孩子同他父亲一样，也在不断地腐烂，肌肉、皮肤和骨骼在慢慢地消失，真是惨不忍睹。

医生熟练地给孩子处理完伤口后，孩子的妈妈在抽泣声中告诉医生，可能是她丈夫从外地带回来的一株小花，让她的丈夫和孩子变成这样的，于是医生要来了装在塑料袋里的小花。

小花的花叶大小和松树叶差不多，花茎顶端开着一朵形状像菊花一样的花朵。医生猜想，这株小花带着毒液，人或动物沾上毒液以后，就会出现腐烂现象。

于是他小心翼翼地将小花带进了实验室，并用小老鼠做实验，很快便有了惊人的发现。

这种奇异的小花感觉非常敏锐，当人或动物接近它时，它能感受到威胁的迫近，并立刻喷出花粉。这种花粉有剧毒，人或动物一旦吸入花粉，便会不停地流眼泪、打喷嚏，不久便开始流鼻血，接着就会出现惊人的融化现象。如果花粉沾到皮肤上，皮肤就会出现融化，直到融化现象深入肌肉、骨骼，并扩展到全身。那位男子和他的孩子，最后便在全身融化中死去了。

"夜皇后"
——黑色郁金香

在17世纪30年代，人们发现了郁金香的一种奇异特性，那就是原来只开一朵单包花的球根会发生"变异"，从而开出2~3色的混色花，这些混色花都非常美丽，于是郁金香球根的价格迅速上涨。

当时，荷兰人以4车裸麦、2车小麦、12头肥羊、8头肥猪、4头肥公牛、4桶啤酒、2桶黄油、2大桶葡萄酒、1 000磅乳酪、1套新衣服、1张床以及1个银酒杯作为代价，才能换回一个郁金香球根。而这些货物总价值约2 500荷兰盾（约合1 000美元），也就是说大约用1 000美元才能买一个郁金香球根。

在球根类花卉中，郁金香是花色最丰富的一种，色彩绚丽多彩，而在3 000多种郁金香中，则以黑色郁金香最为名贵。20世纪80年代，荷兰一个叫黑格曼的人花费了7年的时间才培育出第一株黑色郁金香，这一新品种被誉为"夜皇后"。在花卉中开黑花的还有香堇菜、罂粟、蔷薇等，但都相当稀少，所以显得十分珍贵。那么，为什么黑色花格外少呢？

其实，无论是黑色的郁金香，还是黑色的香堇菜、蔷薇，它们真正的颜色是紫红色或深红色，只是由于观赏的方位不同，才导致了有时候看是黑色，而有时候又像是红色。有时在同一方位，在弱光下观赏，花瓣是黑色的，在强光下观赏，花瓣却是红色的。

从看起来是黑色的花瓣中提取出来的色素和从红色花瓣中提取出的一样，都是普通的花青素，而没有黑色素，那么就很奇怪了，黑色是怎么形成的呢？

其实，这是由于花瓣细胞中花青素的含量以及花瓣表皮细胞形态上的差异，

导致了花瓣显示出红与黑的不同色彩。黑色花瓣中的花青素比较多，同时它的表皮细胞也特殊，又长又细，用手摸一下花瓣，像天鹅绒一样；在红色花瓣中，花青素比较少，且表皮细胞粗而短。当阳光斜照花瓣时，又细又长的表皮细胞就会产生细长的阴影，再加上花青素多，花瓣就显示出暗暗的黑红色，而当光照在短而粗的表皮细胞上时，形成的阴影很少，或者根本就没有，加上花青素少，花瓣就显示出深红色或者红色。这样看来，花朵呈黑色，是由花青素和又细又长的表皮细胞阴影共同促成的。由于形成黑花的机会非常少，所以黑色的郁金香就显得异常名贵了。

"水上恶魔"
——凤眼莲

　　凤眼莲是水生植物，老家在南美洲热带地区，花朵呈蓝紫色，花被6裂，在一个较大的裂片中央有一鲜黄色的斑点，十分绮丽，看起来犹如凤眼，故名"凤眼莲"。一株凤眼莲上往往有十来朵花同时怒放，显得光彩夺目，被人们誉为"美化世界水域的蓝紫色花卉"。

　　凤眼莲具有非常强的无性生殖本领，在生长过程中，身体可以不断裂成很多小块，每一小块都能快速生长发育成完整的个体。在水流和风的作用下，它们不断地扩大自己的领地。

　　当人们还没明白是怎么一回事的时候，凤眼莲已经成为一场灾难。1895年，它生长成了一块长达40千米的厚厚的"垫子"，漂浮在美国佛罗里达的圣约翰斯

河上，阻碍了河流的运输，给美国造成了巨大的经济损失。

凤眼莲无性繁殖的速度究竟有多快？有人进行观察后发现，仅在一个生长季节内，25株凤眼莲就能变成200万株，能够覆盖1万平方米的水面。人们称它为"水上恶魔"，从这能够感觉得出，很多人都不喜欢它，其实这也不能怪它，它强大的生殖能力和奇特的水上漂浮本领是其物种生存繁衍的保证，而并不是故意与人为敌。如果人类利用得当，它完全可以变"恶"为善，造福于人类。

知识全接触

凤眼莲泛滥成灾以后，再想除去它就非常困难了。当年美国使用了很多现代化的防治办法，甚至动用工程兵去消灭它，仍然没有奏效。用机械不行，他们就用炸弹、毒药、火焰喷射器，结果，凤眼莲不仅没有被消灭，水中的鱼类反而遭了殃。最后，人们终于发现了"水上恶魔"的克星——海牛，一头海牛1天大约能吃45千克凤眼莲，在海牛的帮助下，才算初步遏制住了凤眼莲蔓延的势头。

拟态名角
——兰花

说到大自然中的拟态生物，人们可能会想到马达加斯加岛上的变色龙，或者是竹节虫、枯叶蝶等各色各样的昆虫。其实在植物世界里也有很多拟态高手，它们依靠自己惟妙惟肖的"装扮"，在激烈的生存竞争中赢得胜利。兰科中眉兰属植物就是最典型的拟态名角。

每年春天，在地中海沿岸的草丛里，角蜂眉兰开出小巧玲珑而又艳丽无比的花朵，静静地等待"媒人"的到来。它毛茸茸、圆滚滚的唇瓣上分布着棕色的花纹，很像雌性角蜂的身体，这时，一只正在寻找配偶的雄角蜂看到了它，误以为它是一只雌蜂，于是便落在它的身上"求爱"。花中的花粉块就沾在雄蜂的头上，当这只雄蜂再被另一朵眉兰花欺骗而被吸引过来时，花粉块就被送到了"配偶"的柱头上，它"媒人"的任务也就完成了。

眉兰属植物主要分布在地中海周围的国家或地区，有十几种，科学家们的研究结果表明，这十几种眉兰都是通过拟态手段来骗取"媒人"眷顾的。受骗的昆虫有蜜蜂、黄蜂、蝇类等，甚至连不是昆虫的蜘蛛也在受骗之列。但是它们都有一个共同点，那就是都是雄性，而且每一种眉兰都有

一种特定的传粉者。

　　一些新的研究表明，眉兰属植物不只是通过模仿雌蜂或雌蝇的外形，来达到引诱雄性个体为其传粉的目的，还能释放出与特定传粉者性信息素相似的化学物质，使雄虫误认为是雌虫向它发出求爱信号，因此，在一定的范围内，雄虫能准确地判断出"配偶"的位置，并迅速前去赴约。

啤酒的灵魂
——啤酒花

啤酒的制造历史十分悠久，但酒的颜色在相当长的一段时间内一直都浑浊不清。直到1079年，德国人在酿制啤酒时添加了啤酒花之后，才酿出透明清香而略带苦涩的现代啤酒，从此以后，啤酒花被誉为"啤酒的灵魂"，成为酿造啤酒不可缺少的原料之一。有人不禁要问，啤酒花是什么？《本草纲目》中称它为"蛇麻花"，是一种多年生缠绕草本植物。蔓长6米以上。叶对生，呈心状卵圆形。茎枝、叶柄密生细毛，并有倒锯齿，上面密生小刺毛，下面疏生毛和黄色小油点。秋季开花，花单生，雌雄异株，雌花成短穗状花序，雄花呈圆锥花序。两朵花外覆一张鳞片状苞片，随着果实的发育，最后合成卵形、淡黄色的球果状体。苞片内包含两个瘦果，果外和花被上，布满黄色粉状的香脂腺。

香脂腺内含有0.3%~1%的挥发芳香油，能使啤酒醇香扑鼻；含有4%的苦味素，使啤酒带有特殊的苦味。还含有13%的单宁，既能消灭发酵过程中产生的酪酸菌和乳酸

菌，又能与啤酒原料中的蛋白质结合，产生沉淀，并将其滤出。所以现在啤酒已不再浑浊，而是透明的了。啤酒花原产美洲、欧洲和亚洲。我国人工栽培啤酒花已有半个世纪，始于东北，目前在黑龙江、辽宁、内蒙古、甘肃、新疆等地都建立了较大的啤酒花原料种植基地。

啤酒有"液体面包"的美誉，它具有较高的营养价值，但是肝病专家认为，喝大量啤酒的人比喝同等量的硬饮料和葡萄酒的人更容易患肝病。

有趣的植物

功同人参的
冬虫夏草

冬虫夏草兼有草和虫的外形，可它既不是草、也不是虫，而是一种叫"蝙蝠蛾"的菌藻类生物。它将卵产在地下，使其孵化成类似于蚕宝宝的幼虫。另有一种孢子，能经过水渗透到地下，专门寄生在蝙蝠蛾的幼虫上，并不断吸收蝙蝠蛾幼虫体内的营养而快速繁殖。长成后称为"虫草真菌"。菌丝慢慢成长的同时，蝙蝠蛾幼虫也慢慢长大钻出地面。当菌丝繁殖到充满虫体时，蝙蝠蛾幼虫就会死亡，此时正好是冬天，就是所谓的"冬虫"。当气温越来越高，菌丝体就会从冬虫的头部慢

慢萌发，长出像草一样的真菌子座，称为"夏草"。

真菌子座的头部有个子囊，子囊内有孢子。孢子成熟的时候就会散出，再次寻找蝙蝠蛾的幼虫作为寄主，这就是冬虫夏草的循环。

冬虫夏草分布在我国云南、四川、西藏、青海、甘肃等地海拔在3 000~4 000米的高山草甸和高山灌木丛中。

冬虫夏草是个宝，它以菌体入药，味甘性温，有止咳化痰、滋肺补肾、止血化淤的功效，能治阳痿遗精、腰膝酸痛、肺结核等症，中医有"功同人参"之说。从外形上看，冬虫夏草呈金黄色、黄棕色或淡黄色，其药用价值非常高，被国内外视为珍品。再加上市场需求量大，天然资源量稀少，因此价格十分昂贵，有"黄金草"之称。

知识全接触

现代医学研究证明，冬虫夏草中含有虫草素，虫草素有促进抗癌细胞增生的功能。除药用外，冬虫夏草还是一种很好的药膳原料，"虫草鸭子"就是一种出名的冬令补品。

九死还魂草
——卷柏

有一种植物被称为"九死还魂草"，顾名思义，它们的生命力很强。它们在人迹罕至的荒山野岭中生长，附着在干旱的岩石缝隙里。天气干旱的时候，它们的枝叶就会卷缩起来，整个植物体也变得枯黄，没有一点点水分，就像枯死了一样。一场雨露过后，它又会神奇般地"苏醒"过来：黄叶变青，生机勃勃。在它们的一生中，会经历很多次的"枯死"和"还魂"，"九死还魂草"的称呼对它来说再合适不过了。正是因为有了这种特性，所以它才有了很多名称，如"长生不老草""长命草""万岁

草"等。

九死还魂草是一种蕨类植物,学名叫"卷柏"。其植株不高,只有5~10厘米。主茎直立,很短,顶端丛生小枝,地下长有须根,扎入石缝中间,远远望去像一个小小的莲座。扁平而分叉的小枝辐射展开,它们的叶子非常小,密覆在扁平的小枝上。

美洲的卷柏更有趣,在天气干旱的时候,它们就蜷缩成一个圆球,借助风力翻滚,如果滚到了有水的地方,它们就停下来安家,养精蓄锐。当这个地方没有东西可吃的时候,它们又开始新的旅行,因此,人们称其为"旅行家"。

其实,在很久很久以前,我们现在

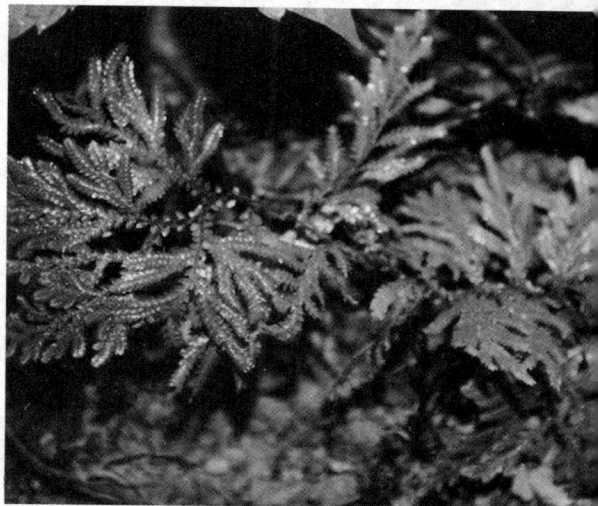

知识全接触

卷柏只生活在空气清新、远离尘嚣的大山上,如果周围的环境受到工业污染,它们就会死去,永远不会再复活。由于它们具有这一特性,人们常拿它们作环境的"指示剂",哪里有卷柏,就说明哪里的环境没有受到污染,如果某地的卷柏死了,就有可能是那里的环境受到了污染。

生活的陆地上,没有动物也没有植物。后来,生长在海洋中的植物开始走向陆地,最早来到陆地的就是蕨类植物,卷柏就是一种蕨类植物。蕨类植物最大的特点就是不开花、不结果,不会产生种子。那它们是怎么繁衍后代的呢?原来在它们叶片的背面,常常长出一些"小凸起",这些"小凸起"呈黄褐色,里面有很多极小的孢子。等孢子成熟了,这些"小凸起"就会裂开。里面的孢子就随风飘扬,飞到四面八方,遇到适宜生存的环境,它们就会长成一株株新的植物。

卷柏的全株都可以入药,是收敛止血剂,可用于治疗流鼻血、吐血、脱肛及跌打损伤性出血症和刀伤。卷柏的干粉还有美容作用,加入鸡蛋清中调服,能防止和减少斑痣的出现,使面颊光洁。

会翻跟斗的草
——风滚草

俗话说："人挪活，树挪死。"很多植物也确实是这样，它们一旦在某个地方发芽，便要永远待在那里，一直到生命的尽头。然而，特殊的环境可以造就另类的植物，这些另类植物就像人类的游牧民族一样，居无定所，一生都在漂泊。

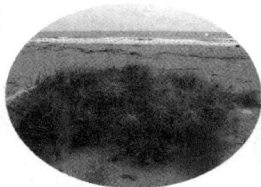

在大草原上，有一种神奇的草，这种草能卷成一团随风滚动，人们称之为"风滚草"。每当深秋，天气开始变得干旱时，风滚草的枝条就开始向里卷曲，卷成一个圆球，枝条也逐渐干枯，靠近地面的根茎因为干枯而变得很脆，风一吹就会折断，折断的风滚草就会在草原上随风滚动。卷成圆球的风滚草，滚动时就像在翻跟斗一样，一直能滚到数十千米以外的地方。冬天它们也在不停地滚动，一直到春天它们才会安定下来，生根发芽。

风滚草为什么要离开自己的家乡，到很远的地方去呢？原来，它们是在借助风力传播种子。风滚草的果实底部有很多又轻又小的种子，但是在果实底部开口的地方长满了密密的绒毛，这些绒毛挡住了种子，导致种子无法顺利散落而不断滚动，果实就不断地和地面发生碰撞，种子就会慢慢掉出来，散落在地上。一株风滚草就像一架天然的播种机，在轻轻松松的滚动中把种子散播到各个地方。唐代诗人李白在《送友人》中有"孤蓬万里征"的诗句，借用的就是风滚草随风漂泊、远征万里的情景。

会翻身的草
——长生草

  在神奇的植物世界里,有一种草,它的样子很像观音菩萨坐的莲花宝座,所以,人们给它起了个名字叫"长生草"。长生草有一个特点,它会翻身。草也会翻身?原来长生草通过幼芽来繁殖,很多幼芽落地以后都是底朝天的,等它的根部长出根,会慢慢地把植株拉起翻过身来。

神奇的跳豆

　　美洲有一种豆子，它会魔术般地自己跳动。可能你不相信，豆子怎么会自己跳呢？原来，豆子里面藏有蛾卵孵化成的幼虫，幼虫在豆子里面吃掉了一部分子叶，有了空间，就可以在里面乱蹦乱跳。蛾幼虫的跳动带动了豆子跳动。人们从外面看上去就以为是豆子在跳。虽然豆子的部分子叶让蛾幼虫吃掉了，但是这并不影响其发芽，豆子借助蛾幼虫的跳动，能够到更远的地方生根发芽，开始新的生活。

能载人的王莲

　　你知道哪一种水生植物的叶子最大吗? 对, 是王莲。它的叶子直径在1.5~3米之间, 硕大的叶片漂浮在水面上, 叶周围直立起来, 像只大平底锅。王莲除了叶子大, 载重力也很强, 一个35千克重的孩子站到上面, 这个"大平底锅"依然会像船一样浮在水面上, 不会下沉。有的人会问, 王莲的叶子是不是有什么特殊的构造?

　　其实, 王莲的叶子和其他植物差不多, 它的叶片不厚, 向阳的一面非常光滑, 呈淡绿色, 背阴的一面长满很长的刺毛, 非常粗糙, 呈土红色。与众不同的是, 它的叶片下面中部有一个叶柄, 从叶柄到叶片的边缘, 都有网状粗大的叶脉, 构成了精巧坚固、结构严谨的骨架。中间有很多镰刀形的横隔, 分成一个个气室, 水面浮力自然就很大了。

王莲是睡莲科水生草本植物，根和茎都生长在水下的污泥中，由茎向下生出一片片绿叶。花蕾、果实和种子也都在水中发育，在缺氧的水生环境里，王莲从哪里得到氧气呢？人们研究了王莲的内部结构后发现，它的各个器官的薄壁细胞之间，都有很大的细胞间隙，这些细胞间隙相互贯通，形成了发达的通气组织。果实、花、叶、茎、根的通气组织彼此连接，并通过叶表面的无数气孔和外界相通。因

知识全接触

王莲叶片结构之巧妙令建筑师们惊叹不已。据说19世纪英国的一名建筑师在细心观察和研究了王莲网状叶脉的构造和整个叶脉的布局后，从中得到启示，完成了一个展览大厅的设计。展览大厅竣工后，屋顶明亮辉煌，非常雄伟，被誉为"水晶宫殿"。

此，王莲的水下部分就能从外界及时获得氧气，体内的二氧化碳也能及时排出体外。

王莲不仅叶片大，花也非常大，直径一般为25～40厘米，因此人们称它为"水上花王"。

王莲开花的习性很独特，夜间开花，白天闭合。花由茎上长出后，花柄不断伸长，一直伸长到即将露出水面。在傍晚的时候，花蕾露出水外，将自己的萼片、花瓣、雌蕊和雄蕊一一展开，乳白色的花朵散发出阵阵的浓香，到第二天9点左右，花朵就闭合了，等到傍晚又会重新开放，不过这次花已经改变了

颜色，由原来的乳白色变成了玫瑰紫色，到第三天的时候，花朵就凋谢沉入水中了。王莲是水上开花，水下结果。

一个成熟的王莲，含有200~300粒莲子，莲子一般和玉米粒差不多大小。莲子能磨出洁白的淀粉，亚马孙河流域的人们，常把它当作粮食食用。

1958年，北京植物园首次从国外引进王莲，1959年就开了花。

茎叶难辨的文竹

　　文竹又叫"云片竹"，是百合科多年生草本植物。它那潇洒轻盈的体态，安静文雅，给人以端庄秀丽的美感，深受人们喜爱。

　　秋后，虽然能观赏到文竹的黑色球状果实，但是时间非常短，因此在人们的印象中，文竹一年四季都是云片似的层层翠绿。很多人把文竹归于"观叶植物"，从植物的形态解剖来看，这是错误的，文竹并不能称为"观叶植物"。

　　文竹的老家在非洲南部，在山林地层和原野的灌木丛中成长。当地的气候炎热干旱，严重影响了植物的正常生长。在这种环境下，植物只有尽量减少水分的蒸腾，才能维持生命。经过长期的进化，文竹的宽大叶片已经退化，变成了我们现在看到的主茎上的刺和翠绿丛中棕色细鳞片状物。叶片退化后，已经失去了它固有的功能——光合作用。与此相适应的是它的侧枝变成了丝状枝，一分再分，非常繁茂，而且碧绿柔软，含有丰富的叶绿素，从而挑起了制造有机物的重担。

　　如果你将文竹丝状根的横切面放在显微镜下观察，就可以看到它是由表皮、基本组织及散列在基本组织中的维管束组成的，具有单子叶植物茎的基本特征。这种像叶又不是叶，是茎又不是茎的变态茎，在植物学上被称为"叶状茎"。因此严格地说，人们观赏层层翠绿的文竹时，观赏的不是它的叶子，而是它的叶状茎。

其实，只要你细心观察，就会发现很多能适应干旱环境的观赏植物，它们的叶片和文竹一样，也退化成了小鳞片，而代行光合作用的是形态各异的叶状茎。如假叶树扁平状的叶状茎、天门冬线状的叶状茎等。

植物中的 "酒鬼"

　　酒有其独特的魅力，很多人对它情有独钟。但如果植物也喜欢喝酒，就有点匪夷所思了。不过植物中确实有"酒鬼"。

　　据说，在日本东京有一棵瑞龙松，它高10多米，粗1米多，已经有350多岁。当地居民一家三代一直照料它。据照料它的人介绍，每年春天都要给它灌酒，否则它就会垂头耷脑，没有一点精神。那该怎样给它灌酒呢？为它修剪完枝条，在树根周围挖6个洞，每个洞里灌入10瓶米酒。这棵树的酒龄已经很长，至少有100年了。

　　更神奇的是，植物还会偷酒喝！这发生在英国牛津大学莫德林学院里，放在地窖里的一桶波尔多葡萄酒不知被谁偷偷地喝光了。经过调查，发现小偷是一株常春藤。原来，这株长在墙外的常春藤，闻到酒味后就把根伸进地窖，然后又伸到酒桶里，这个"酒徒"不知不觉就把整桶葡萄酒喝光了。

会"放鞭炮"的喷瓜

我国有一种风俗，每逢佳节人们总要燃放鞭炮来增添喜庆的气氛。可是你听说过植物也会放鞭炮吗？

在非洲的北部地区和欧洲南部的高加索地区，有一种叫作"喷瓜"的植物，它就是一种会放"鞭炮"的植物。喷瓜的果实成熟后，生长着种子的多浆质组织变成黏性液体，充满果实内部，强烈地挤压着果实。这时，如果有人碰到了果实，它就会"砰"的一声破裂，就好像一个鼓足了气的气球一下子被扎破了。

喷瓜的这股气很有力量，能把种子和黏液喷射出十几米远。喷瓜喷出的黏液有毒，喷瓜成熟的时候，一定要小心，不要让它的黏液喷到身上。

喷瓜为什么要放"鞭炮"呢？原来它是为了将种子散发出去，从而达到繁殖后代的目的。

它繁殖后代的方式还真是奇特，和大多数植物都不一样。大多数植物都采取温和的方式传播，像我们常见的蒲公英，当果实成熟的时候，每个小果头上生有一簇绒毛，风一吹，绒毛就飘向了四处，以这种方式来传播种子。还有的植物依靠动物来传播种子，如野葡萄的果实非常好吃，肉甜味美，山羊、猴子等动物吃了这些果实后，吐出来的籽就在土壤中生根发芽，动物在无意中就帮助野葡萄传播了种子。

知识链接

海南岛有一种叫"吐烟花"的植物，它的叶面呈墨绿色，上面有白斑纹，叶尖则呈灰白色。在每年的8~9月，当吐烟花在阳光下开放时，如果给它浇上一盆冷水，或是下了一场骤雨，它的花就会发出"噼噼啪啪"的响声，随后又会喷出一条条白雾似的东西，很像节日里燃放的烟花。这景象真可谓"有声有色"，非常有趣。不过，吐烟花喷出来的不是种子，而是花粉。真是奇怪，花为什么也会放"鞭炮"呢？原来，吐烟花的花粉长在卷曲的花丝上，当气温骤然下降，花粉囊就会突然收缩，引起破裂。花丝就会乘势外翻，把花粉弹射出去，于是就出现了上面的奇观。

植物地雷
——马勃

南美洲热带雨林中的植物资源非常丰富，到处都是古树奇木，奇花异草。很多植物学家来这里考察，世界各地的游客也纷纷前来观赏。不过在这浓荫蔽日的林海里行走，可千万要小心。倘若不小心踩上"地雷"可就惨了。

这里所说的"地雷"不是地雷战中那种真的地雷，而是一种叫作"马勃"的真菌，马勃结的果实比较多，而且个头很大，一个约有5千克重。它只是横"躺"在地上，不碰它没事，若是不小心踩到这种"地雷"，它会立刻发出"轰隆"一声巨响，接着冒出浓浓的黑烟，同时还会散发出一股刺激性特别强的气体，使人涕泪纵横，喷嚏不断，眼睛也如针刺般疼痛。因此，马勃还有个绰号，叫天然"催泪弹"。

据说在很早以前，当地的印第安人就利用马勃做"催泪弹"打击敌人。战斗的时候，印第安人把敌人引到荆棘丛生的密林里，自己就隐藏起来。敌人在密林里走来走去，一不小心踏破了马勃，被黑烟呛得泪流满面、眼睛疼痛难忍的时候，印第安人就趁机冲出来反攻，一举歼灭狼狈不堪的敌人。

那么，马勃冒出的黑烟究竟是什么东西？原来，黑烟是马勃菌繁殖用的粉状孢子，也就是马勃的种子。当马勃被踏破时，孢子囊也会随之破裂，黑色的粉状孢子便散了开来，看起来很像黑烟，还散发出刺激性的气味。

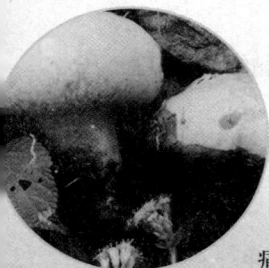

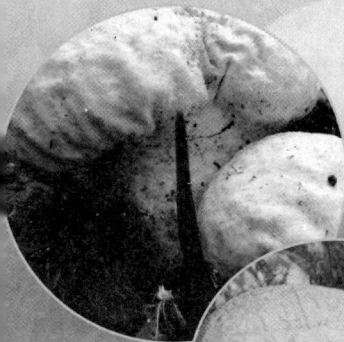

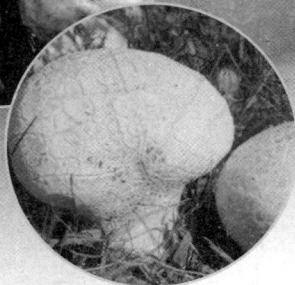

奇异的西番莲

有一种美丽的花蝴蝶，长着一对好看的长翅膀，因此人们称它们为"长翅蝶"。每年长翅蝶都到西番莲的叶子上产卵，等到幼虫出卵以后，就把西番莲的叶子当作美餐，这引起了西番莲的强烈不满和抗议。

西番莲可能觉得，长翅蝶之所以在自己的叶片上产卵，是因为它能靠视觉识别自己叶子的形状，于是西番莲决定在自己的叶子上做文章。它尽量长出不同形状的叶子，伪装成别的植物，因为长翅蝶只认准西番莲的叶子产卵，因而这一招果然避开了长翅蝶这位"不速之客"。不过遗憾的是，长翅蝶也非常聪明，没过多久，它就识破了西番莲的花招，开始改变识别西番莲的方法，用脚来敲打叶子，以触

觉来判断是不是西番莲。

　　当然，西番莲也没有就此罢休，一招不行，就再出一招。西番莲知道长翅蝶的致命弱点，就是喜欢自相残杀。雌性的长翅蝶只要看到西番莲的叶子上已经有了卵子，就不会在那里产卵了，害怕自己的"小宝宝"被其他幼虫吃掉。于是西番莲决定利用这一弱点，它在自己的叶子上长出很多黄色的斑点，猛一看，很像长翅蝶产的卵。西番莲这一招还真管用，长翅蝶不敢在长了卵状斑点的西番莲叶子上产卵了。而西番莲反而担心，长翅蝶可能会再次识破它的花招。

　　除了上面介绍的以外，西番莲还有几种对付长翅蝶的方法。比如西番莲常常分泌一种花蜜，引来黄蜂和蚂蚁，让黄蜂和蚂蚁捕食长翅蝶；又比如长出卷须，长成后就立即脱落，而须上的长翅蝶卵也随之掉落在地上，很快死亡；有些西番莲更不可思议，竟然会分泌出一种化学物质来麻痹叶子上的幼虫。为了生存，西番莲真是"用心良苦"。

　　在这场战争中，看似是长翅蝶处于下风，其实它也有很多优势。比如现在只有长翅蝶和另外很少的几种昆虫不会被西番莲的叶子毒死，这样和长翅蝶争夺食物的对手就少了很多。另外，由于西番莲叶子中含有毒，长翅蝶吃了以后体内会产生一种毒素，鸟不爱捕食它们了，因此也就活得更长久。

榕树传授花粉的
"绝技"

　　在我国南方，榕树长得郁郁葱葱，姿态万千，构成了自然界的一大奇观。而更令人赞叹的是其传授花粉的"绝技"，非常奇妙有趣。榕树没有艳丽多姿的花朵，甚至像无花果一样，人们根本就没有看到过它们开花，但它们却是依靠昆虫传粉来繁殖后代的，那么，它们是靠什么方法招来昆虫为其传授花粉的呢？

　　榕树的花序构造和无花果一样，比较特殊。它属于隐头花序，花朵全被包在

肉质的花序托内。剖开它的花序才能看到花朵，它的花很小，有雄花、雌花、瘿花3种。雄花有1~2个雄蕊；雌花有1个雌蕊，花柱细长；瘿花是一个特殊化的不孕雌花，它花柱短、柱头宽且呈漏斗状，专门供昆虫寄居、产卵。

有的花序托内生长着雄花、雌花、瘿花，也有的只生长雄花和瘿花，雌花则生长在另一个花

序托果内。果顶口被很多密生的苞片封住了，蜜蜂、蝴蝶等都无法进入传粉，风也无法吹进去传粉。那榕树是怎么传粉的呢？以谁为媒介呢？原来它是靠寄生在瘿花内的榕小蜂来为它做媒，传授花粉。榕小蜂非常小，可以藏在只有2~3毫米的瘿花中。

当雌花和雄花开放时，榕小蜂已成熟。雄蜂从瘿花子房壁上咬开一个小洞爬出来，然后开始寻找雌蜂寄生的瘿花，找到以后，雄蜂就在雌蜂寄生的瘿花上咬开一个小洞，与雌蜂交尾。雌蜂交尾后会扩大雄蜂咬开的小孔，然后钻出瘿花。雌蜂有完好的触角和翅膀，可以飞向其他花序，产卵繁殖。雌蜂在产卵的过程中，就为榕树传授了花粉。

榕树传授花粉的方法之绝妙奇特，是一般植物所不及的。为了招待"媒人"，榕树特设了瘿花这个"客房"，让榕小蜂在这里栖身、修养、生殖，正是由于它们相互帮助，才达到了共同繁衍生长的目的。

味觉魔术师
——神秘果

　　神秘果原产于西非热带，我国北京、西双版纳、昆明、湛江等地的植物园已引种成功。神秘果树高2~3米，花为白色，1年结两次果，5月、10月各一次。神秘果呈椭圆形，大小和花生仁差不多，长约2厘米，直径约8毫米。果实成熟时，果皮呈朱红色，果内含有一粒种子和白色的果肉。看上去很平常，没有什么神秘之处。

　　但是，人们为什么称它为"神秘果"呢？它到底神秘在什么地方呢？原来它的奥妙之处在它的果肉里，你只要吃一点点神秘果的果肉，过一段时间味觉就会改变，不管是酸的、辣的、苦的都变成甜的了。1~2个小时以后，舌头才会恢复原来的味觉，这是怎么回事呢？

　　原来，我们的舌头上有很多的味蕾，能分别感受甜、酸、辣、苦、咸等味。如果吃了神秘果，舌头上的味蕾感受器官的功能会暂时被神秘果里的糖蛋白扰乱。对酸味、辣味、苦味、咸味敏感的味蕾感受器被暂时抑制、麻痹了，而对甜味敏感的味蕾感受器却活跃、兴奋起来了。

　　我们都知道，无论是哪种食物，总是含有一些果糖，只是甜性成分低于其他成分，所以我们感受到的是酸、苦、辣或咸，而没有甜味。可是吃了神秘果以后，情况改变了，你只能感觉出甜味，而感觉不出其他味了，因此吃什么都是甜味的

了。但是这种糖蛋白的作用不是永久性的，少则30分钟，多则2小时，过了这段时间就会失效。糖蛋白并没有改变食物原来的味道，只是改变了舌头上的味觉感受。神秘果的"魔法"终于被揭穿了。

　　神秘果的神奇作用，引起了人们的关注。神秘果可以鲜食，也可以制成糖尿病人所需要的甜味变味剂，制成酸味食品的助食剂。总之，神秘果就像一个味觉魔术师，将味道来个乾坤大挪移，如食用一粒神秘果，再吃酸味很强的柠檬就不酸了，并且芳香无比；惧怕吃苦药的人，在吃药前可先吃一粒神秘果，这样，药就不苦了，吃起来也就不那么难受了。神秘果真是太神奇了！

关住虫子的
马兜铃

　　夏、秋时节，在郊野路边常常可见到一丛丛缠绕植物，它就是马兜铃。它的果实成熟的时候，就像是挂在马颈下的响铃，因而得名。

　　马兜铃是一种多年生草本植物，全株无毛。细长的根在地下延伸，到处生苗。叶为三角状椭圆形至卵状披针形，长3~7厘米，宽2~6厘米。花柄长1厘米左右，花被呈喇叭状或管状，略弯斜。果实近球形，直径在4厘米左右。花期为7~9月，果期为9~10月。

　　马兜铃花开放的时候，能吸引虫子钻进花里，然后就把虫子关起来，一直等到虫子"答应"帮助它传播花粉的时候，它才开一条小道让虫子钻出来。不信的话，你可以剥开当天开放的花看看，常常有小蝇飞出来。它们互相帮助，花给虫子食物吃，虫子帮花传粉。

　　马兜铃的花像个大喇叭，呈弯曲的漏斗形，漏斗中长满了向下的毛，漏斗下部膨大成一空腔，空腔底部有一个突起物，突起物的顶部就是接受花粉的柱头。

　　花在早晨5点左右开放，开放时散发一种腐臭气味，臭味会吸引小蝇赶过来，它们先在喇叭口上转来转去，过一会就会向气味最浓的漏斗底部钻进去。由于漏斗中的倒向毛挡住了出口，小虫进去后，就出不来了。小虫吃饱后想出去，东钻西爬也找不到出口，最后没办法只有在里面过夜。第二天3点多的时候，花药开裂，散出花粉，小虫在继续

乱钻的过程中，身上就会沾满花粉，这时候漏斗管内的毛开始变软、萎缩而贴在漏斗四周，于是小虫就可以带着花粉顺利的爬出了。这时已是第二天早晨7点多了，小虫又开始寻找食物，就会重蹈覆辙地钻进另一朵花里，这样就帮助马兜铃传授了花粉。

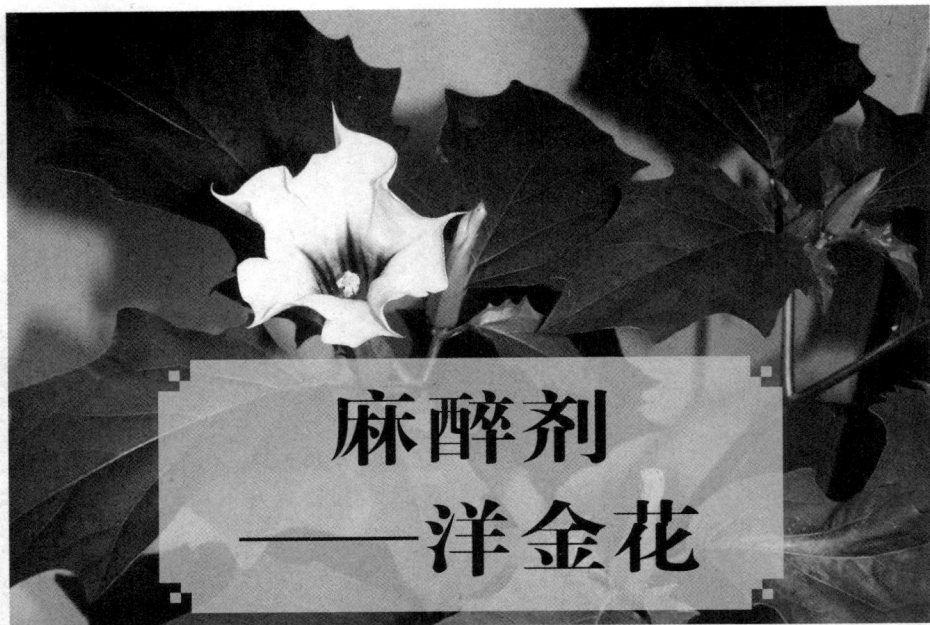

麻醉剂
——洋金花

汉代名医华佗为免病人的痛苦，曾在外科手术中创造出"麻沸散"，这是一种麻醉剂。据考证，麻醉剂的主要成分为洋金花，再辅以其他几种药合成。有此麻醉剂，华佗能为病人实施疗毒、剖腹割肠等手术。《三国志·方技传》曾记述："须臾便如醉死，无所知，因破取。"《后汉书·华佗传》记述："先以酒服沸散，既醉无所觉，因刳剖腹背，抽割积聚；若在胃肠，则断截湔洗，除去疾秽，既而缝合，敷以神

膏，四五日创愈，一日之间皆平复。"就是说华佗为病人服用了麻醉剂以后，病人就没有了知觉，然后他就可以为病人开膛破肚，治疗疾病。

洋金花又叫"曼陀罗花"，是茄科曼陀罗属毛曼陀罗或白花曼陀罗的干燥花，为1年生草本植物，高1米左右，春生夏长，茎绿色，叶蓝色，宽卵形，比较大。8月开白色的花，形状像牵牛花，不过比牵牛花大，长达18厘米。早晨开放，晚上闭合。

人如果误食洋金花，就会昏昏欲睡，明代著名医学家李时珍，曾经亲自尝试洋金花，实验其效果。华佗和李时珍虽然不属于同一时代，但是都在实践中证实了洋金花可以使人麻醉。

洋金花之所以能够起到麻醉作用，是因为它含有一种生物活性非常强的物质——东莨菪碱，它对人的神经有着很高的亲和力。被麻醉的人必须等到东莨菪碱被分解和排泄掉以后，才能恢复知觉和意识。

如今，科学工作者不仅把已经埋没了1 700多年的麻醉剂重新发掘出来，而且还让它放射出更加灿烂的光辉。科学工作者研制出了催醒被洋金花麻醉者的药物，可以自由控制麻醉的时间，把中药麻醉提高到了新的高度。

不怕切叶蚁的
号角树

在美洲的热带地区生活着一种蚂蚁，它们对植物的危害非常大，能把植物的叶子切成一小块一小块，然后运回窝内，人们称它们为"切叶蚁"。在这些地方人们经常可以看到绿色的活动蚁流，像无数绿帆船在水中遨游。切叶蚁把一小块一小块的叶子运到窝里以后，还要进一步加工，切得更碎，并堆成海绵状。切叶蚁就是用这些材料来培养一种真菌作为食物。切叶蚁给当地植物造成的危害非常大，玫瑰、橙、咖啡、甘蔗和芒果等植物在切叶蚁猖狂的地方根本不能种植。

然而自然界是神奇的，一物降一物，号角树就不怕切叶蚁的攻击，在切叶蚁猖獗的地方，仍然能够枝繁叶茂，丝毫无损，这是为什么呢？号角树是巴西南部常见的一种桑科乔木，但是它有一个与众不同的地方，那就是它与一种蚂蚁和谐地生活在一起，这种蚂蚁很凶猛并有毒刺，是号角树的忠诚卫士。

号角树的枝条和树干内有空腔，它的"卫士"就栖息在空腔里面，只要有切叶蚁来冒犯，就会群起而攻之。号角树不仅为这种蚂蚁提供了住的地方，还为它们提供了美食。号角树的叶柄基部有卵形白色的粒状体，富含脂肪和蛋白质，可供蚂蚁食用，在被吃掉后，又会重新长出来。因此，这种蚂蚁不必担心没有食物吃。凡是和这种蚂蚁共生的号角树，切叶蚁都绝对不敢前来冒犯。

知识全接触

在非洲、美洲和一些亚热带地区，植物为蚂蚁提供栖息的地方和美食，蚂蚁则帮助植物抵抗切叶蚁和其他敌害的例子有很多，比如印度尼西亚、爪哇等地有一种称为喜蚁的附生植物，它的海绵状肉质的块茎内有很多贮水的空腔，蚂蚁就居住在这些空腔里，如果"敌人"来侵犯，植物被触动了，成群的蚂蚁就会冲出来保卫植物。

"胎生"的红树

人类和哺乳动物是胎生的,这大家都知道,但植物也有胎生的,你知道吗?红树就是一种"胎生树"。

在红树的枝条上,经常可以看到一条条绿色的小"木棒"悬挂着,就像长长的豆角悬挂在藤架上,特别好看,这就是红树的"胎儿"。红树为什么是胎生的呢?我们知道一般的植物种子成熟以后,就会以各种各样的方式离开"母亲",比如蒲公英的"小伞"随风飘荡着离开自己的"母亲",而风滚草滚动着离开"母亲",等它们遇到合适的条件,就会开始萌发,生根发芽,慢慢长大。而红树的种子不是这样,它直接在还没有脱落下来的果实中萌发出幼苗,倒悬在树上。红树的幼苗一般长20厘米以上,下端较粗大。幼苗吸取母体的营养,长到30厘米的时候,就开始脱离"母亲"独立生活。这就是植物中的"胎生"现象。

红树的"胎生"现象也是一种抗盐锻炼。因此有人推断"红树是从陆地移居来海滩生长的海生植物"。从系统发育上来看,红树种子里的含盐量相对较低。因此,它的种子必须在母树上发芽,这样才能不断地从母体获得盐分,当体内的盐分和海水的盐分相适应时再独立生活,这样就不会出现不适应高盐度环境的现象,从而得以良好地生长。

我国广东、广西、福建、海南和台湾沿海的辽阔滩涂上,断断续

续地分布着一片片红树林，它们依赖潮汐实现其生长、发育、繁殖和传播。在大海潮起潮落的危险中，顽强地生活着。涨潮时，有的全被海水淹没，有的只露出树冠，宛如海上绿岛。退潮时，显出常绿落叶乔木林的景观。远远望去，一片翠绿。蓝天、海洋、绿树构成一副奇特而美丽的画面。有人不禁要问它们为什么不怕海水的浸泡和冲击呢？这是因为红树的根很奇特，板状根、支柱根、气生根纵横交错，盘根错节，一部分插入海滩淤泥，把植株固定得死死的；一部分裸露在外面，吸收水面的空气。它的叶子长得很厚，可以反射阳光，减少蒸腾。叶的背面有短绒毛，可以抵挡海水的侵入，同时叶面上还有很多小孔，可以排出体内多余的盐分。

一片片美丽的红树林，在海滩上形成一道坚实的屏障。它可以护堤防风、防浪，保护沿海农田不受大风或海潮的袭击。从它的根和树皮还可以提取到烤胶的优良原料——丹宁。红树因此深受大家的喜爱。

宣纸的原料
——青檀

　　宣纸是一种专门供毛笔书画用的独特的手工用纸，原产于安徽泾县，由于唐代时泾县属于宣州府，所以叫作"宣纸"。宣纸从诞生到现在已有1 500多年了，有"纸寿千年"的美誉。你知道闻名中外的宣纸是用什么造的吗？答案是青檀。

　　青檀是一种落叶乔木，树高3米以上，树皮淡灰色，幼时非常光滑，老了的时候，会裂成长片状剥落。小枝呈灰褐色或栗褐色，细弱。叶纸质，椭圆状卵形或卵形，边缘有锯齿。花单性，雌雄同株。青檀每年4月开花，7~8月果实成熟。

　　青檀喜欢阳光，常生在林缘、河滩、沟谷、山麓及峭壁处。其适应性很强，在石灰岩山地中生长较好，也能在砂岩、花岗岩地区生长。耐干旱、贫瘠，根系比较发达，常在岩石缝间盘旋伸展。青檀的木材致密、坚实、韧性强、耐磨损，供农具、家具、绘图板及细木工用材。茎皮、枝皮纤维是制造宣纸的优质原料。这种纤维有很强的韧性，长短比例均匀。制造出的宣纸细致绵韧、纹理纯净、光洁如玉。宣纸的制造过程非常复杂，共有18道工序，操作过程有100多道，从准备原料到宣纸造出，大约需要300天的时间。

　　关于用青檀造纸，还流传着一个动人的故事。东晋时，有个造纸工人叫孔丹，

一直悉心教导他的师傅去世了，他非常伤心，很怀念师傅，于是就用自己造的纸画了一张师傅的画像，这样在想念师傅的时候，就可以拿出画像来看。可遗憾的是，没过多久画像就变黄了，而且模糊不清。看着发黄的画像，孔丹暗自下定决心，一定要制造出持久精美、不会变黄的纸来。于是他就到处寻师访友，历尽艰辛寻找方法。有一天，他来到安徽宣州一带，发现一棵大树倒在了山沟里的小溪旁，大树的树皮被沤烂了，在溪水的浸泡下，白白的木纤维既结实又柔软。他想如果能用它造纸就好

了。可是他不知道这是什么树，于是他就在大树边等着，希望有人来，好问一下这是什么树。结果等了好久也没有人来，四处张望下，他发现不远处有个茅草屋，于是前去询问，这户人家只有母女俩，请教过后，孔丹知道那树是青檀树。这家的母亲看到孔丹英俊、诚实、勤劳，就把女儿许配给了他。从此这母女俩就成了孔丹的帮手，一起苦心琢磨，不知熬过了多少个不眠的夜晚，经过了多少次实验，终于制造出了闻名四海的宣纸。据说，宣纸中有一种叫作"四尺丹"的纸，就是为了纪念孔丹。

知识全接触

我国的宣纸还曾在巴拿马国际博览会上获得金质奖章，从此便誉满天下、名扬海外，很多外国人都用尽各种办法刺探宣纸生产的秘密。还有些外国商人来到泾县，到处打听宣纸是如何生产的，还把青檀树的树皮，带回自己的国家请专家研究，结果都没有生产出优质的宣纸。抗日战争时期，日军进入皖南，直奔泾县，把一些青檀树带回日本种植，并绑架了一批造纸的工人，让他们说出制造宣纸的技术。结果不管日军怎样严刑拷打，工人们都守口如瓶，推说青檀只有长在泾县才能制造出优质的宣纸，始终没有透露制造宣纸的技术，表现出了崇高的民族气节。

猎人的好朋友
——箭毒树

19世纪中期，英国殖民者入侵马来群岛，当地人奋起反抗，他们用一种蘸过植物乳汁的箭来抵御英军，只要中箭必死无疑。英军伤亡惨重，以至于闻箭丧胆。这箭上蘸的就是世界上最毒的树——箭毒树的白色乳汁。

箭毒树的乳汁为什么这么厉害呢？很多植物都分泌乳汁，像桑科植物中的薜荔、波罗蜜、掌叶榕等也都分泌乳汁，为什么它们的乳汁不能杀人呢？这是因为这些植物的乳汁没有毒，而箭毒树的乳汁不同，它含有多种有毒物质。当这种毒汁由伤口进入人体时，就会引起血液凝固、肌肉松弛、心脏跳动变慢直至死亡。人如果不小心误食，心脏就会被麻痹，以至于停止跳动。如果乳汁溅到眼睛里，眼睛马上就会失明。它的树枝燃烧时放出的烟气，如果熏入眼睛，也会造成失明。

箭毒树又称"见血封喉"，是桑科

见血封喉属植物。这一属的植物共有4种，生长在非洲和亚洲的热带地区，都含有剧毒的乳汁。我国只有1种，生长在云南的西双版纳及广东西部、广西南部和海南省的热带森林中。箭毒树为高大的常绿乔木，树高达30米。春、夏季开花，秋季结出红色果实，形状像小梨子。成熟时果实由红色变为紫黑色。这种果实味道极苦，含毒素，不能食用。

箭毒树的毒性如此强烈，可以说是自然界中剧毒的树木了，那么它是不是除了给人类带来祸害，就没有什么用途了呢？其实，它不仅是重要的工业原料，在医药上，还可以从其枝条、树皮、乳汁和种子中提取催吐剂和强心剂。它的材质很轻，可作纤维原料或代软木用。它的树皮纤维非常柔软，而且富有弹性，是做褥垫的上等材料。所以一些东南亚的居民把它砍倒并浸在水里除去毒液，然后剥下它的树皮捶松、晒干，用来做褥垫，既舒适又耐用。即使用几十年，弹性依然很好。

知识全接触

在我国西双版纳，人们用箭毒树的毒液制成箭射野兽，不管野兽多么凶猛，只要射中，跳不出三步，必然倒毙，因此，傣族人把箭毒树称为"贯三步"。傣族人在打猎之前，要走在村寨的箭毒树下，轻轻拔下插在树干上的毒箭，放在背后的箭盒中。等到打猎回来，他们又把箭盒剩下的毒箭一枝枝地射在箭毒树的树干上。他们一般不把箭带回村寨，以防误伤人畜。

抹香鲸的救星
——西蒙得木

几百年来，人类大量地捕杀抹香鲸来提取鲸油，用鲸油来制造重工业用的润滑剂，抹香鲸因此曾一度濒临灭绝。经过自然资源保护组织的不懈努力，美国国会终于在1970年通过了《濒临灭绝动物保护法令》，该法令禁止进口抹香鲸制品，抹香鲸才免遭灭顶之灾。而救抹香鲸性命的并不是这个法令，而是一种植物——西蒙得木。西蒙得木中含有大量可以取代抹香鲸油的替代品，因而才使《濒临灭绝动物保护法令》得以顺利实施，所以抹香鲸真正的救星是西蒙得木。

西蒙得木是一种常绿灌木，呈蓝绿色或灰绿色，叶子茂密，看起来非常美丽。大量生长于墨西哥以及美国亚利桑那州，可以在干旱贫瘠的土地上生长，因此不必与其他作物争夺土地资源。最有价值的是坚果中所含的油。坚果的粉能治疗皮炎、头皮屑等疾病。西蒙得木还可以制成洗发剂，而且效果非常好，印第安的女性都用坚果油来抹辫子。

直到20世纪，西蒙得木还只是印第安人的"家中宝"，外人对它的了解很少。一个偶然的机会，亚利桑那州大学的一位研究人员看到了西蒙得木药用价值的资料，于是开始了研究。研究结果表明，西蒙得木的坚果油不是人们想象的脂肪，而是一种液态蜡。这一发现具有十分重大的意义，因为坚果油不含脂肪，而且比其他油类要纯净得多，加工程序也很简单，这样就可以节省很多的加工费。经过进一步的研究发现，西蒙得木坚果油有着广泛的用途，可制造地板蜡、润滑剂、耐用和光洁度非常高的车油、抗腐蚀剂、树脂、消毒剂、木器和皮革制品的上光剂、沙拉油，还可以用于食品的加工和防腐。

另外，西蒙得木坚果油对结核病、风湿病、关节炎都有特殊疗效。因此西蒙得木不仅挽救了抹香鲸的性命，还给人类带来了福音，是全人类的共同财富。

疟疾特效药
——金鸡纳

　　1638年，西班牙驻秘鲁总督钦琼伯爵的夫人染上疟疾，病情严重，生命垂危。御医用尽了各种方法均未好转，伯爵暗中打听到当地有一种树——金鸡纳树。据说它的树皮可以治疗这种疾病，为救爱妻，心急如焚的伯爵决定冒险试一试，于是他就剥了这种树的树皮，拿回去煮汤给妻子饮用。让人惊奇的是，这种药非常有效，伯爵夫人饮用后，很快就恢复了健康。据传，她是第一个得了疟疾而能恢复健康的欧洲人。1640年当她返回欧洲时，也把这种妙方带回了欧洲。

　　知道了金鸡纳树奇妙之处的欧洲人千方百计的想将它弄到手。一位替荷兰人卖命的德国植物学家，通过百般周折，终于弄到了一批树苗，然后秘密偷运出境，运到了当时荷兰的殖民地爪哇。但是在运输途中，大多数树苗都死了，最后只剩下3株得以在岛上种了下来。几十年以后，爪哇岛上到处都是金鸡纳树。

　　金鸡纳树属茜草科植物，为常绿乔木或灌木，阔叶，高3米以上，叶对生，夏季开花，花为白色。

　　金鸡纳树的树皮为什么能治疟疾？原来金鸡纳树的树皮里含有多种生物碱，特别是主要含有一种叫"奎宁"的生物碱。奎宁在人体内能消灭各种疟原虫的裂殖体，因此是防治疟疾的特效药。此外它还有健胃、退烧等作用。金鸡纳树皮磨成的粉末叫"金鸡纳霜"，即奎宁，是热带地区防治热病特别是疟疾的必需品。目前，全世界92%的金鸡纳霜都产自印度尼西亚。

金鸡纳可以治愈当时极为难治的疟疾，按理说应当受到欧洲人的欢迎才是，但事实上却并非如此。17世纪，欧洲大多数新教徒认为这是罗马教皇的阴谋，企图利用金鸡纳粉消灭新教，因此不但不感激印第安人的土药，反而到处宣扬说耶稣会教士企图以此来谋杀国王。十几年后，英国国王查理二世不幸也染上疟疾，他召来当时名满伦敦的"江湖医生"塔雨伯为他治病，塔雨伯虽然表面上讥笑耶稣会教士，背地里却用金鸡纳树皮制成金鸡纳霜，治愈了许多疟疾病人。

塔雨伯因用这种药治愈了查理二世的疟疾而被封为爵士，更被当时声名卓著的皇家内科医学院封为院士。1679年，法国路易十四的太子偶染疟疾，路易十四请来塔雨伯，他又用这种苦味药剂治好了太子。路易十四赏赐他终身俸禄，另以3 000枚金币交换药方，并答应将药方保密不外传，直至他死后再公开。1681年塔雨伯去世后，路易十四公开了这个药方：玫瑰叶六英钱、柠檬汁两盎司，外加大量的金鸡纳树皮粉，用酒浸泡。用酒浸泡的原因是金鸡纳树皮所含的生物碱不溶于水而只溶于酒精。药方公开之后，事情才真相大白，医学界也不得不慢慢地接受印第安人的土药治疗方法。魔鬼之药——金鸡纳至此才真正开始被人们所认识和使用。

知识全接触

疟蚊将疟原虫传播到人体血液中，疟原虫在人体内大量繁殖，分泌毒素，破坏红细胞，引起一种急性传染病——疟疾。得病开始时，浑身冷得发抖，发冷过后，又发高烧，说胡话，神志不清。

"娇羞" 的含羞草

植物也能和人一样具有情感，含羞草就是这样一种植物，它的叶子呈羽状排列，白天张开，晚上则自动合上。在白天，如果用手碰触含羞草的叶子，它的叶片就像受了刺激一样会立马合上，好像一位娇羞的姑娘一样低垂粉面，故得名"含羞草"。其叶片合上的速度与碰触它的轻重也有关，如果轻轻碰触，叶片合拢得就比较慢，如果碰的力度较大，则它所有叶子在不到10秒钟的时间里就会全部合拢，并因刺激传递至全叶，总的叶柄也会跟着下垂。

那么，含羞草是真的怕羞吗？当然不是！那它为什么会"害羞"呢？

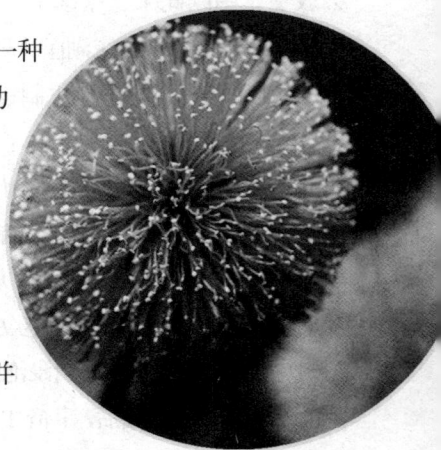

科学家们对含羞草害羞的原因也持不同意见。大多数植物学家认为含羞草会害羞是因为叶子的"膨压作用"。在叶柄的基部有一个因充满了水分而膨大的叶枕，叶枕对刺激的反应十分灵敏，当我们用手碰触它时，叶枕接收到刺激，叶子振动，叶枕下部细胞里的水分立即向上部与两侧流去，叶枕下部便像泄

了气的皮球似的瘪下去，上部像打足了气的皮球似的鼓起来，叶柄也就下垂、合拢了。当含羞草的叶子受到刺激做合拢运动的时候，还会产生一种生物电，将刺激信息迅速地传递到其他叶子，其他叶子也立即依次合拢来。等过一段时间刺激消失以后，叶子又重新张开恢复原状，叶枕下部也逐渐充满水分。

不过也有一些科学家持另一种观点，认为光敏素也是含羞草会动的原因之一。还有一种说法认为，因为含羞草原生长于沙漠地区，气候条件极为恶劣，为适应环境继续生存下去，每当大风或沙尘暴来临时，都会合拢叶片，以减轻植株折断的危险。经过长期进化，产生了一种适应性的生理反应。

含羞草原产于热带美洲，不过现在在世界热带地区大多都有分布，在我国云南、广西、广东等省区也有大量分布。含羞草全株都有对人体无害的小毒，但其鲜叶捣烂外敷可以治带状疱疹。还可入药，有安神镇静的功效。

知识
全接触

含羞草还是相当灵敏的"晴雨表"。如果是晴好的天气，有人碰触，它的叶子就会很快地合拢，又很快恢复原状。但如果是阴雨天气，含羞草的叶片则自然下垂、合拢、舒展无力，展现出"害羞"的现象。

沙漠里的杀手
——食人藤

　　沙漠的气候条件恶劣，很多植物为了生存都各出奇招。它们顽强的精神着实让人感动。但却有着这样一种让人不寒而栗的植物，它为了维持自身的水分，吸取的竟然是动物或人类的血液！它被当地人称为"食人藤"。虽然这种"食人藤"并不常见，但是在沙漠中的动物或人一旦不小心碰上"食人藤"，等待他的可能就是死亡了，因为食人藤会缠住其全身，吸尽其全身血液，景象十分惨烈。

　　在撒哈拉沙漠的阿尔及利亚地区，曾经发生过这样一个故事。在一个烈日炎炎的午后，一群当地居民正在滚烫的沙丘上行进。经过半天的跋涉，他们都十分疲惫、口渴难耐，于是在其中一人的提议下，众人决定坐下来休息片刻。

突然，其中一个长胡子的中年男子手指着远处，惊奇地喊道："那是什么？"众人随他指的方向望去，看到远处的沙地上有一团蠕动着的绿色藤类植物。在沙漠中发现绿色植物十分稀奇，中年男子忍不住好奇，站起身来往绿藤走了过去。他走近仔细观看绿藤，发现藤条绿色中稍带黑色，如拇指般大小，里边长满了数不清的倒刺，表面却很光滑。

中年男子正观察得入神时，绿藤突然松开并渐渐伸展开来。他这才发现绿藤里面居然裹着一具动物的尸体，尸体干枯惨白，毫无血色。男子正觉得奇怪时，藤条已经慢慢移动到他的脚边，接下来的事便在一瞬间发生了。绿藤一碰触到它的脚就立即将他紧紧地缠住，并用倒刺死死地勾住，接着其他无数的藤条也迅速向男子缠绕过来，顷刻之间便将他裹得严严实实。

中年男子发出一声惊叫，发现情况不对的同伴们急忙赶了过来。只见男子在藤条中拼命地挣扎，可是这些都是徒劳的，他越是挣扎，藤条缠得越紧。同伴们想努力帮助他脱离困境，慌乱之中，另一位男子也被绿藤缠住了一只脚。所幸的是绿藤此时只顾紧紧地包围着中年男子，并没有再抽出其他的藤条向他缠过来。等他抽出脚来一看，有许多血孔往外汩汩地冒血。同伴们见到这样的情形，再也不敢贸然上前了。不一会儿，那位中年男子就成了绿藤的美餐。

从此以后，这种可怕的绿藤被当地的居民称作"食人藤"。人们都对它敬而远之，以免成为它的腹中餐。

"腰"很粗的纺锤树

纺锤树生长在南美的巴西高原，因树形酷似纺锤而得名。它一般高约30米，两头尖细，"腰"却很粗，最粗的地方直径可达5米，远远望去仿佛一个个大纺锤插在地里。

纺锤树的上端分出少数生着叶子的枝条，叶子呈心形，开红色的花。将树干及其上端的枝叶和花放在一起看，很像一个花瓶插了几枝花，因此人们又称它为"瓶子树"。

巴西的东部和南部冬季非常干旱，而且干旱的时间很长，属于稀树干草原。纺锤树就生长在稀树干草原和热带雨林之间的地带。纺锤树怎么度过漫长的干旱期呢？不用担心，它有一套自己的抗旱方法。旱季来临的时候，纺锤树的叶子纷纷落

下，这样可以减少水分的散失，雨季来临时则开始长叶。同时纺锤树用自己的发达的根系拼命地从地下吸收水分，它的储水能力非常强，一棵大树可以贮存2吨多的水分，简直就是一个绿色水塔。有了这些水分，在漫长的旱季它就可以慢慢享用，不会枯死了。纺锤树的这种贮水特性和怪异体型是它们长期适应独特的生活环境的结果。

在澳大利亚干旱的沙漠地区，也有这种生命力极强的纺锤树分布，这些树和旅人焦一样，可以为荒漠上的旅行者提供水源。人们只要在树干上挖个小孔，就能喝上清新解渴的天然饮料了，解决了人们在茫茫沙漠中的缺水之急，真是一种乐于助人的奇树！

知识全接触

在墨西哥和美国亚利桑那州的一些地方，生长着巨大的仙人掌，最大的高近7米。路过的人如果口渴，可以砍断仙人掌，搅拌一下茎肉，这样就可以喝上清凉的水了。

可恶的豚草

提起豚草，人们都很害怕，这是为什么呢？原来，豚草在每年的7～9月散发大量的花粉，这些花粉飘到空气中会污染环境，吸入人体便会引起鼻塞、咳嗽、打喷嚏、流鼻涕，最后会导致气喘和胸闷。更严重的是，一些豚草的花粉还会引起枯草热。

豚草又称"美洲艾""艾叶破布草"，是菊科豚草属1年生或多年生草本植物，高30～150厘米，叶互生或对生，成羽状分裂或三裂，表面无毛或两面有细短毛。由单性花组成穗状花序或总状花序。豚草的故乡在北美，共有10多种，其中的三裂叶豚草和普通豚草在20世纪30年代传入我国，目前已经迅速蔓延到东北、华北、华中和华东的十几个省。它常生长在房前屋后和田埂路旁。

豚草的生命力很强，能遮盖和压抑土生植物，破坏原有的生态系统，并与庄稼争夺营养，使农作物减产。豚草还极易混生在洋麻、大麻、大豆、玉米和向日葵中，因此，想彻底清除它很难。那该如何对付豚草呢？不等豚草开花就人工拔除是防治豚草最好的办法，不能用刀割，因为越割豚草就会长得越长，而且越来越高，一发不可收拾。专家建议，可以让叶虫吃掉它，叶虫是豚草的天敌。

知识全接触

有关资料显示，美国每年因吸入豚草花粉而患上鼻炎、皮炎、哮喘的人数高达1 500万。在墨西哥，过敏性疾病患者中有23%～31%是由花粉，特别是豚草花粉引起的。每当夏季来临，日本大阪地区的很多人都设法逃避豚草花粉的袭击。

甜味世界的冠军
——甜叶菊

甜叶菊高90~150厘米，茎粗0.8~1.2厘米，分枝较多，一级分枝30~50个，二级分枝90~160个；叶呈椭圆形，叶面比较粗糙，浅绿色或浓绿色，相对着生于茎；花序多排列成稀疏房状，总苞筒状，花茎平坦，花冠细吊钟形，一般为白色。9月中旬开花，花期在1个月左右；果形细如纺锤形，瘦果为褐色或黑褐色。栽种的第一年，甜叶菊株高可达80厘米左右，第二年可达1.5米。

多少年来，在人们的印象里，糖多数是指用甘蔗提取的白糖、红糖、葡萄糖等。这些糖虽然有营养，但是热量高，多吃会影响身体健康。成人吃多了容易长胖，孩子吃多了容易蛀牙。后来，人们用人工合成的方法得到了糖精，糖精比糖甜几十倍甚至几百倍，而且热量不高，受到人们的欢迎。但是，后来人们发现糖精对身体也有不良影响。究竟有没有一种糖对人体没有任何不良影响呢？有，那就是甜味世界的冠军——甜叶菊糖。它不仅没有不良影响，还有降低血压、促进新陈代谢和强壮身体的功效。有人不禁要问，这么

好的糖来自哪里呢?

　　它来自甜叶菊的叶片。甜叶菊是菊科多年生草本植物,它的故乡在南美巴拉圭东部,当地人称它为"巴拉圭甜草"。它的叶子很甜,含有丰富的甜叶菊苷,经提纯的甜叶菊苷味道和白糖很像,但是甜度比白糖高300倍,而热量很低,只有白糖的1/300。摘一片叶放进嘴里吃一下,就像是吃了一口白糖,真的是太奇妙了。甜叶菊是一种新型的糖源植物,叶含菊糖6%~12%,精品为白色粉末状,是一种高甜度、低热量的天然甜味剂,是食品及药品工业的重要原料。

　　甜叶菊的发现和利用给人们带来了福音,许多国家开始引进栽培和开发利用。甜叶菊已经漂洋过海来到了中国,不过定居的时间还很短。在我国温带地区,栽一次甜叶菊可以成活多年,夏天开出的一丛丛小白花,不仅好看,还散发着淡雅的香气。

良药苦口的黄连

　　黄连是多年生草本植物，高15~20厘米，地下有很长的根状茎，黄色，有分枝，也就是它的药用部分。古语说："黄连苦，口连心"。由此可知黄连的味道很苦。它为什么这么苦呢？

　　让我们先来做个有趣的实验，取一个杯子，装入清水，然后放入黄连的根，过不了多久，就会看到黄连的根里会扩散出一种黄色的物质，并逐渐把整杯的清水变成淡黄色。这种淡黄色的物质就是"黄连素"，黄连这样苦，就是黄连素的作用。虽

然黄连很苦，但是它可以治病。中医认为黄连性寒、味苦，具有清热燥湿、泻火解毒的功能，主要用来医治高温燥热、泄泻痢疾、胸闷呕吐、口疮、目赤、痛肿、疔毒等病症。

黄连大多产于我国西部、中部和东部山区，同类植物有多种。黄连素是一种生物碱，医学上称为"小檗碱"。黄檗等植物中也含有类似于黄连的黄连素。

对于黄连到底有多苦，有人做过实验，在一份黄连里，加入25万倍的水，合成的溶液仍然有苦味。黄连的根茎里含有7%的黄连素，难怪人们常说"黄连苦口"了。黄连素容易溶于水，因此在加工黄连时，通常不用水浸，直接把它烘干就行了，否则会降低黄连素的药效。由于黄连很苦，所以黄连药丸外面覆有一层糖衣，这样吃起来就不觉得苦了。

知识 全接触

我国有多种多样的药用植物，该怎样给它们命名呢? 从中草药的名称来看，命名方式有以下几种: 以产地命名，如吉林参、阳春砂等; 以形态命名，如人参、牛膝等; 以气味命名，如鱼腥草、丁香、檀香等; 以口味命名，如五味子、甘草等; 以生长季节命名，如夏枯草、夏天无等; 以颜色命名，如黄连、紫苏、白术等。

晚上睡觉的树

　　大多数人都是早晨起床后工作或学习，晚上上床睡觉休息，这就是所谓的"日出而作，日落而息"。大多数的鸟类动物也都是如此，白天活动，晚上入巢安睡。然而这样的生活习性对于植物却无从谈起，因为植物每天都安静地待在那里，难以识别它们是醒着还是在睡觉，要说植物白天醒着，晚上睡觉，没有人会相信。

　　不过不相信并不代表没有，自然界中还真有"日出而作，日落而息"的植物！那就是主要生长在非洲一些崇山峻岭中的大森林里的一种树。每当夜幕降临的时候，这种树就开始收拢叶子，枝条倒垂紧贴在树干上，慢慢地开始入睡。到了第二天，太阳升起的时候，它也"起床"了，收拢的叶子慢慢张开，枝条也立了起来。这种树的名字就叫"睡觉树"。

　　真是奇怪，睡觉树的枝叶为什么会白天立起伸展，晚上就倒垂收拢呢？专家认为，这和光线、气温有关。白天的时候，气温比较高，光线比较强，使其枝叶的叶枕下部的一群细胞增加了膨压，就导致了枝叶立起舒展开来；到了晚上，气温开始下降，光线比较暗，叶枕上部的一群细胞增加了膨压，从而导致枝叶向下运动倒垂收拢起来。

赤潮祸首
——红海束毛藻

在我们的印象中，大海是蔚蓝色的，但是有时候大海也会变成一片红色，这是怎么回事呢? 原来这是海水中大量的红海束毛藻造成的。

红海束毛藻属蓝藻类植物，虽然个体很细小，但是它们体内含有大量的藻红素，大量繁殖时，成团成群的漂浮在海面上，可以把海水"染"成红色。红海束毛藻的群体容易死亡分解，产生硫化氢等有毒物质，发出阵阵腥臭，杀死水生动物和植物，给当地的种植业和养殖业带来巨大的危害，这就是"赤潮"。它一般发生在早春或晚秋季节的近海海域。

如果赶上天气闷热，海面无风，红海束毛藻就会大量繁殖，赤潮会延续1个月左右。阿拉伯半岛与非洲大陆之间的海面上漂满了红色的水团，远远望去，是一片红色的海洋，这就是红海。

红海束毛藻在我国东海、南海沿岸也常有出现。每年的秋冬季节，它们就大量繁殖，在海上形成红色的水团，并最终形成赤潮，由于赤潮往往来自东边的洋面，因此我国渔民将其称为"东洋水"。东洋水的到来，会引起渔民和种养殖户的极大恐慌。

海洋的"草原"
——硅藻

单看一滴海水，和普通的水滴没什么区别，晶莹透亮，肉眼看上去，什么也没有。如果你把它放到显微镜下观察，一定让你惊讶不已。显微镜下一个多姿多彩的世界呈现在你的眼前，有的像细长的大头针，有的像闪光的表带，有的像扁平的圆盘，有的甚至像精致的铁锚……你一定会问，这些五花八门的东西是什么？其实它们都是浮游生物，其中硅藻占了60%以上。

硅藻是一种重要的浮游生物。它分布广泛，不管是海水中还是淡水中，反正有水的地方，就有它的踪影，特别是在温带地区和热带地区。由于硅藻种类多，数量大，因而被称为海洋的"草原"。它们靠光合作用将海水中的无机物合成自身需要的有机物。浮游生物每年制造360亿吨氧气，占地球大气氧含量的70%以上，而硅藻又占浮游生物的60%以上，由此可以推算，如果地球上没有了硅藻，3年以内，地球上的氧气就耗完了，人类和动物也就无法呼吸，可见硅藻对于人类来说有多么重要。

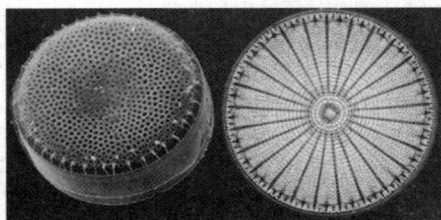

硅藻是虾、贝、鱼类特别是其幼体的主要饵料，它与其他植物一起，构成海洋的初级生产力。它是具有色素体的单细胞植物，种类繁多，达11 000多种。虽然硅藻的身体只有一个细胞，可这个细胞非常有趣，它既

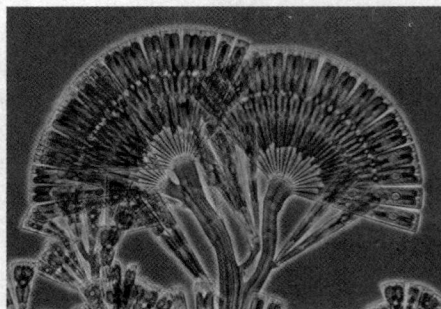

不像动物的细胞那样没有细胞壁，也与植物细胞的细胞壁大小不同。硅藻的细胞壁由大量的硅质组成，分为上下两部分，上面的盖叫作上壳，下面的底叫作下壳，上壳套住下壳。上下壳面上有非常精美的纹饰图案，好比一间精致的玻璃小屋。

硅藻死后，它们坚固多孔的外壳——细胞壁不会分解，而是沉于水底。经过亿万年的积累和地质变迁，成为硅藻土。硅藻土在工业上用途很广，可制造工业用的过滤剂以及隔音、隔热材料等。

驱蚊植物——艾草

很多人都不喜欢夏天，有的人是嫌夏天太热，而更多人是害怕蚊子。艾草具有特殊的气味，驱蚊效果相当好。为了防蚊，很多人将其用来涂擦身体。它的属性温和，还能净化空气，有芳香的味道，常闻能使人头脑清晰、增强记忆力。

除了艾草之外，薰衣草、夜来香、天竺葵、猪笼草、七里香、驱蚊草等植物也具有驱蚊效果。这些植物虽然能够驱蚊，但是在使用的时候要特别注意，因为这些植物主要依靠异味驱蚊，有些植物的异味对人体有副作用，严重的还会诱发过敏、恶心、头痛等症状。还有很多人为了驱赶蚊子，卧室里放满了驱蚊植物，这其实是很危险的，因为植物在夜间会释放大量的二氧化碳，摆放太多，会导致二氧化碳中毒，出现头晕、头痛等症状。患有呼吸系统疾病和高血压、心脏病的人，处在这种气味浓郁的环境里，可能会使疾病恶化。

艾草与中国人的生活有密切关系，每到端午节，人们就会在门口挂上长长的艾草，有的家庭还会把艾草放到水里煮，然后用煮过艾草的水洗澡。那是因为相传艾草可以避邪，而且它挥发的气味还能清洁空气，消除病菌。

知识接触

有一种藻类，它既不像绿藻，也不像蓝藻，它的身上已经有了类似叶、茎、根的分化。茎上还有节，节上轮生着叶状的小枝，体外则布满大量的钙质，看上去很粗糙。它就是有名的轮藻，一种淡水藻类。全世界有400多种轮藻，它们广泛分布于淡水或半咸水中，常见于池塘、湖泊、水田等流动水域。普通的藻类是蚊子的食物，而轮藻不同，它对蚊子有致命的毒害作用。轮藻为什么能消灭蚊子呢？这是因为它的光合作用非常强烈，在生长过程中能产生一些改变水中环境的化学物质，蚊子还是幼虫的时候就被这种化学物质毒死了，根本没有机会长大。

拓荒先锋
——地衣

在裸露的岩石和粗糙的树皮上，甚至是极地、高山、寒漠和沙漠里都常常可以看到橙黄、灰绿等多种颜色的片片斑痕，这就是地衣。它几乎遍布世界陆地的各个角落，因此被称为植物界的"拓荒先锋"。地衣的形态可以分为叶状、壳状和灌木状。

地衣很特殊，是由真菌和藻类共生在一起形成的植物，它们相互帮助，共同生长。共生的藻类含有叶绿素，能进行光合作用，为整个地衣体制造养分；真菌则吸收外界的无机盐和水分提供给藻类，使藻体得到光合作用所需的原料并保持一定的湿度。在这种共生关系中，真菌的依赖性大，它从藻类吸取制成的养料来生活，如果把地衣体的真菌和藻类分开，让它们单独生活，结果往往是真菌死亡而藻类依然能够生长。

在大城市虽然很少见到地衣，但人们应该对它不陌生，我们熟悉的酸碱指示剂石蕊试液就是从地衣中提取的。地衣还可以药用，如松萝能催吐、疗痰；石蕊能解热化痰、生津润咽，还可作茶饮。地衣也可以食用，如石蕊、石耳、冰岛衣等。许多地衣还作动物饲料，提取蔗糖、淀粉、酒精等。地衣能够作香料、染料等，如树花属、扁枝衣属、梅花衣属、石蕊属、肺衣属等含有芳香油，可配制化妆品、香皂、香水等，也可用于卷烟，有的可作染料、指示剂等。

上面我们讲了很多地衣的用途，那它有没有害处？是的，它也有害处，它能寄生在经济树木特别是茶树、柑橘上，森林中的冷杉、云杉也挂满地衣，为地衣所覆盖，影响呼吸和光照，还是害虫的藏身地。某些壳状地衣能生长在古老的玻璃窗上，侵蚀玻璃。因此，在利用地衣的同时，还要防止它的危害。

珊瑚礁的贡献者
——虫黄藻

20世纪40年代，日本生物学家在珊瑚虫的内胚层细胞内观察到了很多褐色小球，在有光的条件下能进行光合作用，并且自身能进行分裂繁殖，定名为"虫黄藻"。它是一种与珊瑚虫共生的单细胞植物，属于涡鞭毛藻的一种。这个发现在很长一段时间内并没有被接受，直到50年代末，由于许多生物学家相继成功地把虫黄藻从珊瑚虫体内分离出来，虫黄藻的发现才被正式确认。而且经过研究发现，所有的造礁珊瑚虫都与虫黄藻共生。

虫黄藻依赖阳光进行光合作用，而进行光合作用必需的氮、磷和二氧化碳等，都是珊瑚虫的代谢产物，虫黄藻可以从珊瑚虫那里获取，珊瑚虫则靠虫黄藻补充碳水化合物，加速骨骼的生长。直到70年代，人们才证实虫黄藻是珊瑚虫的营养源。珊瑚虫并不能直接吸收虫黄藻本身，但虫黄藻在光合作用下合成的有机物，能分泌到细胞外供给珊瑚虫营养。这种有机物以三甘油酯和甘油

的形式存在，很容易被珊瑚虫吸收。该研究成果，对珊瑚礁海域的生态平衡、能量转换给予了科学的解释。

虫黄藻不仅供给珊瑚虫营养物和氧气，而且与珊瑚虫的石灰质骨骼的形成有密切关系。有生物学家做过这样的实验：将虫黄藻从珊瑚虫的身体内全部分离出来，并人工供给珊瑚虫氧气，珊瑚虫虽然活下来了，但其骨骼得不到正常发育。实验证明没有虫黄藻的存在，珊瑚虫是不可能造就珊瑚礁的。生物界共生的现象很常见，但只有虫黄藻与珊瑚虫拥有如此独特的共生关系并创造出了美丽神奇的珊瑚礁。

最小的开花植物
——无根萍

　　太阳把池塘里的水晒得暖洋洋的，一种细砂一样的水生植物，正在忙着繁殖后代。每平方米的水面有100万个它们的个体，可它仍然不罢休，这种植物就是无根萍。

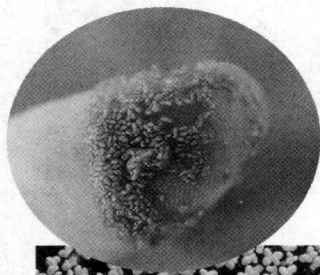

　　无根萍是浮萍的一种，外形和一般的浮萍相似，上面平坦，底下隆起。因为它没有根，因此人们称它为"无根萍"。它的个子非常小，长1毫米多，宽还不到1毫米，比芝麻粒还小。由于它个子太小，在野外人们根本注意不到，再加上生态环境受到污染，找到它就更难了。不过

在南方的莲花田或者有浮萍生长的池沼中，有可能看到。

令人称奇的是，这么小的植物也会开花，它本身是世界上最小的开花植物，而它的花就更小了，直径还不到1毫米，只有针尖那么大，是世界上最小的花，不仔细看，很难看到。无根萍雌雄同株，花开在体表，还能结出世界上最小的果实。科学家研究发现，无根萍体内含有大量淀粉，是养鱼的好饲料，同时也是一种很有开发前途的淀粉资源。无根萍的构造非常简单，整个植物体已经没有叶、茎、根的区别，外观呈椭圆形，内部充满小气室，主要由可以进行光合作用的薄壁细胞组成。

和其他浮萍一样，无根萍也是生活在水面导航的水生植物，靠流水来散播族群。除此之外，无根萍也能靠粘在水鸟脚上或青蛙背上而被带到很远的地方。更为奇特的是，美国西南部龙卷风曾把湖水连同无根萍一起卷入高空，然后在下冰雹的时候，人们从冰雹里发现了很多高空旅行归来的无根萍，多么奇怪的传播方式啊！

无性繁殖是无根萍最主要的繁殖方式，就是在叶状体一端的芽囊里直接长出另一个新的叶状体，等新的叶状体长大以后，它就脱离母体独立生长，然后自身又能再生出一个更新的叶状体，就这样不断地循环。

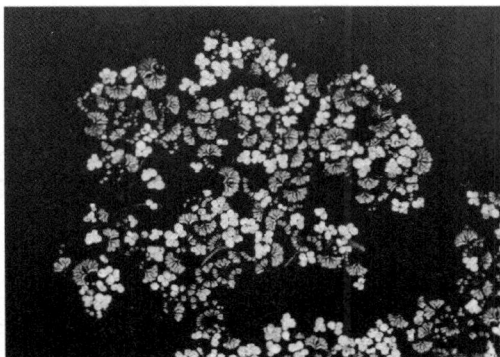

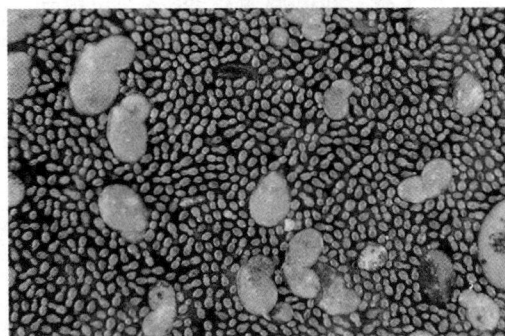

植物与动物的友谊

　　蝴蝶、蜜蜂帮助花儿传授花粉，花儿为它们提供美味佳肴，这是一种广义上的动植物联盟。你也许并不知道，其实有些植物与某些动物之间的关系非同寻常，它们情同手足。

　　昆虫线兰蛾与兰科植物线兰之间的关系就是如此。线兰蛾对线兰可谓情深义重。经过交配的雌线兰蛾生命很短暂，但是在这短暂的生命中，它可以不吃不喝，但会坚持做一件事情，那就是钻到线兰的花朵里采集花粉，然后将采集到的花粉滚成圆球，把花粉球带到另一朵花里产卵。即使在它生命的最后几个小时，它仍在努力的爬上花柱，将花粉球放进柱头上的小窝里，以使线兰顺利受精结籽，繁衍后代。

　　对于线兰蛾的慷慨帮助，线兰也是知恩图报，它倍加呵护雌线兰蛾的后代。当线兰蛾的卵孵化成幼虫以后，线兰就非常义气地把自己的一部分幼嫩的种子拿出来喂食幼虫，直到它们长大后离开。

　　另外在非洲的毛里求斯，生长着一种珍贵的树木，它就是大颅榄树。几百年前，大颅榄树林里生活着一种非常奇怪的鸟，叫渡渡鸟。这种鸟虽然有翅膀，但是不能飞，因为它的翅膀已经在陆地生活中退化了，形同虚设。它行动迟缓，走起路来摇摇摆摆，样子非常奇怪。

　　16世纪以后，一些欧洲殖民者来到了毛里求斯。行动笨拙、肉肥味美的渡渡鸟很快成了他们的盘中餐。1681年，最后一只渡渡鸟在地球上消失了。从此，人们只能在博物馆里看到它们的标本了。

　　令人不解的是，渡渡鸟灭绝以后，名贵的大颅榄树也日趋稀少，到了20世纪60年代，整个毛里求斯只剩下13株，眼看就要从地球上消失了。

　　1981年，美国生态学家坦普尔来到毛里求斯，研究濒临灭绝的大颅榄树。这一年是渡渡鸟灭绝300周年,而这些幸存的大颅榄树的年龄也是300岁。坦布尔在想这是巧合吗?渡渡鸟和大颅榄树种子的发芽能力是否有关系?

于是坦普尔开始顺着这个思路做实验。渡渡鸟虽然灭绝了,但还有像它那样不会飞的大鸟存在,吐绶鸡就是一种。坦普尔喂了吐绶鸡大颅榄树的果实,几天后从吐绶鸡的排泄物中找到了大颅榄树的种子,种子外壳已经没有原来坚厚了。

坦普尔把"处理"过的大颅榄树种栽进苗圃里,让他高兴的是,圃地里居然长出了绿油油的嫩芽。大颅榄树不育症的原因终于找到了,它又绝处逢生,摆脱了灭绝的险境。

这两个例子告诉我们,植物与动物的友谊是经得起考验的,不会因为外界因素和时间的变化而变化。在自然界中还有很多植物和动物之间互帮互助的例子存在,在平静的日子里,大家各自为生,一旦出现危机,一方就会迅速发出求救信号,另一方则会全力以赴赶来解救。

"冶金"的植物

1934年，原捷克斯洛伐克的两位科学家将玉米粒烧成灰，然后放在显微镜下观察，看到一些很细的金属片和金属丝，经过化验证实这些都是黄金，玉米粒里怎么会含有黄金呢? 他们为了解开这个谜，开始了进一步研究，对生长玉米的土壤进行化验，发现土壤里果然含有黄金。最终揭开了谜底，原来，玉米粒里的黄金是从土壤里吸收来的。

这个发现激起了冶金家的极大兴趣，他们想能不能让植物把分散在土壤里的金属吸收到自己体内，然后人们再从植物身上把这些金属冶炼出来呢? 于是科学家开始对很多植物进行研究。结果发现：堇菜、紫云英能吸收铜，石松能吸收铅，锦葵能吸收镍，三色堇能吸收锌。如果把这些植物烧成灰，就可以提炼出铜、铅、镍、锌等金属，但是数量最多达到灰的1/5。钽是一种稀有金属，提炼困难，价格昂贵。科学家研究发现有一种紫苜蓿能吸收钽，于是把紫苜蓿烧成灰来提取钽，烧掉约40公顷的紫苜蓿仅提炼出200克钽。

紫苜蓿是一种优良的牧草，把它全部烧成灰来提炼不多的钽，实在是不值得。于是科学家想出来一个绝妙的办法：让紫苜蓿去吸收土壤中的钽，让蜜蜂从紫苜蓿的花中把钽在蜂蜜中聚集起来，人们再从蜂蜜中提炼出钽。这样，不用烧毁紫苜蓿，就得到了钽，而蜂蜜经过提炼，依然是营养丰富的食品。

太平洋上的新喀里多尼亚岛，生长着一种蓝液树，听到这名字，也许你就能知道它为什么奇特了。是的，它的奇特之处就是能分泌出一种蓝色的汁液，这引起了科学家们的极大兴趣，他们采集了大量这种蓝色汁液，制成许多标本，经过测定，发现蓝色汁液中镍的含量高达25%。科学家想到其他会"冶金"的植物，

认为蓝液树不会产生镍，而是树下的土壤里含有镍，而蓝液树具有高度聚集镍的本领。镍的冶炼成本很高，过程十分复杂。科学家设想如果能大面积地种植蓝液树，然后收集它分泌出的蓝色乳液，然后加工提炼镍，可以大大降低冶炼镍的成本。

会"说话"的植物

　　人类有自己的语言，可以用语言进行沟通、交流，动物也有语言，马能叫、狮能吼。那植物有没有自己的语言呢? 植物学家发现，植物也有自己的语言，特别是同类植物之间，它们完全可能进行"语言"交流。

　　植物学家制造了一种灵敏度很高的传声器，这种传声器可以听到植物的根发出的声音振动，并且还能记录音频的高低、声音的大小。根据传声器的记录人们发现，当植物严重缺水或天气非常干旱的时候，植物就会发出"咔嚓咔嚓"的响声，响声的大小和缺水的多少成正比。当雨露滋润或光照适当的时候，植物就会发出清脆悦耳的声音。

　　现在，很多国家的植物生理研究所设立了专门的实验室，对各种气候和天气进行模拟实验，倾听、记录和研究植物的"语言"，观察植物的反应，进而了解植物在生长过程中的变化和需求，以创造出高产、稳产的新品种。

知识全接触

　　以前我们不能理解，为什么长颈鹿或大象啃过金合欢后，周围其他金合欢会立即产生一种毒素，让前来觅食的动物不敢接近。如今知道植物之间存在"语言"交流，就能解释这种现象了。原来被啃过的金合欢会给周围的同类"打110"报警。

不怕咸的植物

在盐碱地里，很多植物都难以生存，这一方面是因为土壤中的盐分过多，盐水占据了组成根的细胞，给根的吸水造成很大的阻力，时间久了，植物就会渴死；另一方面，经过长时间的积累，土壤中含有过多的可溶性盐类，会毒害根细胞，使根受到伤害。实践证明，土壤中的含盐量达到0.05%时，大部分植物就不能生存了。但是为什么黄须菜、盐角草、胡颓子、胡杨、匙叶草、瓣鳞花等植物能在含盐1%~3%的盐碱地生长呢？它们为什么咸不死呢？

20世纪60年代，科学家解答了上述疑问，他们认为，抗盐植物之所以咸不死，是因为叶面的蒸腾作用降低，保证了植物体内保留有足量的水分。例如，盐角草有肉质的茎和叶，细胞里的细胞质能和盐类结合，不至于发生毒害作用。它的细胞含水量非常高，达95%，因此具有高度的抗盐能力；胡杨和匙叶草的茎叶上分布着很多的泌盐腺，可以把过多的盐分从盐腺排出体外，风吹雨打，盐分又回到了土壤里；瓣鳞花能把吸收的盐分溶解在水里，然后通过叶面分泌出去，等到水分干了的时候，盐的结晶留在叶面，风一吹就纷纷散落；胡颓子的根细胞透盐性非常小，盐分很难渗透进去。

在众多的抗盐植物中，黄须菜的抗盐能力很突出。黄须菜又称"盐吸菜"，是1年生草本植物，叶呈棍棒状，肥厚多汁，上面长了很多茸毛。黄须菜的根系非常发达，能使土壤变得疏松，渗透力加强。黄须菜的吸盐能力很强，有"吸盐器"之称。

会"发烧"的植物

魔芋是一种根茎植物,我国四川省广泛种植。它长得非常特别,长长的花序轴上长着一片卷起的绿色叶子,形状很像漏斗。叶子外面点缀着紫色的斑纹,实际上是佛焰苞片。苞片里包着由很多花组成的长长的花序。花序下半部分是雌花,上半部分是雄花,中间有明显的分界。春天先开花后长叶,因此花很引人注意。在地下,魔芋会长出芋头一样的块状茎,营养丰富,磨成粉后,可以加工成魔芋豆腐。

魔芋最大的特点是能发热,即使是冰天雪地,其"漏斗"的温度也很高,在20℃以上,就像变魔术一样,能把身边的雪都融化掉,这也是魔芋名称的由来。有人还形象地称它为"热血植物"。和魔芋同一家族的白菖蒲、天南星也有这种本领。

黄蘗也是一种能"发烧"的植物,它生长在南美洲的巴西热带丛林中。在特定的时间里,不管环境温度是高还是低,它的体温总保持在40℃,这种体温对人体来说,属于发高烧。据说,有一年冬天,一名学生送给老师一支黄蘗鲜花,老师拿在手里,感觉花在不断地冒热气,于是就把花放在架子上冷却,结果30分钟过去了,花依然还在发热。

研究发现,黄蘗一年中只有两天会"发烧",发热时需要从外界吸收大量的氧气,才能维持恒温,这时候它的呼吸速率比一个剧烈奔跑的运动员还要高。它为什么会发热呢?这是因为它体内的类脂物质在"燃烧"。一般的植物,不会让这种类脂物燃烧,而是转变成碳水化合物。

你也许不知道,莲也是会"发烧"的植物。在大多数时间里,莲和其他植物一样,体温随着环境温度的变化而变化,但在它开花的时候,体温会升高。

植物中的 "恶霸"

为了争夺生存空间，很多植物都有自己的一套绝招，能帮助自己在与其他植物争夺地盘时取得胜利。在美国西南部干旱的草原上，生长着一种山艾树，在与别的植物争夺地盘时，山艾树显得特别专横跋扈。在它的地盘里，其他植物都会被绞死，就连杂草也不放过。山艾树是用什么方法把其他植物绞死的呢？科学家认为，它能分泌一种杀死其他植物的特殊化学物质。

在我国云南西双版纳的大森林中，野生的黄葛树、小叶榕树等为了争夺空间，显得非常残暴。它们在幼年的时候，为了依附大树成长，让大树为它遮风挡雨，就将大树当妈妈，显得非常温顺。一旦它们长大，就变得非常张狂，绞杀每一棵靠近它们的树，包括曾经抚育过它们的"妈妈"。

它们的根疯狂地生长，长成一张网，这张网很快便将别的树的树根缠死。同时，等它们的树冠超过了"妈妈"的树冠，就将"妈妈"遮得严严实实，自己独享阳光雨露。不久，"妈妈"便被它们绞杀身亡。它们还将"妈妈"变成自己的食物，不仅霸占了它们的地盘，还吃掉了它们的身体。

如果人们引种不小心，也会受到植物"恶霸"的损害。19世纪80年代，美国引进了一种名叫"鳄草"的植物来美化环境。谁能想到，鳄草特别好强，有它的地方，其他植物几乎全部灭绝。现在，美国的好多地方都被鳄草霸占了。

植物巧斗动物

  在我们的印象中，植物没有动物那么聪明，好像没什么智慧。动物可以随意地啃咬植物，摧残、践踏植物，而植物面对灾难，既没有腿脚可以逃跑，也没有手臂可以还击，似乎只能无可奈何地"沉默"，等待死亡的来临。其实你不知道，植物也很聪明，它的"沉默"中孕育着强大的"杀机"，它随时会实施自卫和复仇，只是我们的眼睛看不到而已。

1981年，美国东北部的橡树林中出现了一种舞毒蛾，它们猖狂肆虐，贪食成性，几个月的时间就把方圆4万平方千米的橡树叶子啃得精光。可是到了第二年，橡树又蓬蓬勃勃长出新叶的时候，却没有再看到舞毒蛾，舞毒蛾为什么会销声匿迹？它们到哪里去了？

科学家开始研究橡树的叶子，发现橡树叶子在遭受舞毒蛾侵袭前，所含的单宁不多，但是在新长出的叶子中，单宁的含量很高。舞毒蛾吃了橡树叶子后，大量的单宁在胃中和蛋白酶结合，难以消化橡树叶子，过多的食物滞留在舞毒蛾的胃中，使它的行动变得笨拙而又迟缓，不是病死就是被鸟类吃掉。

无独有偶，在美国阿拉斯加的原始森林中，野兔迅速繁殖，大片树木的根被啃得七零八散，森林面临巨大威胁，当地的居民为了保护生态，就用猎狗追杀、用枪射杀野兔，效果都不明显。但是几个月后，野兔的数量快速减少，最后竟然消失了。

人们都很奇怪，是什么东西赶走或消灭了野兔呢？植物学家研究后发现，凡是被野兔咬过的树，它们新长出的枝条和叶子中，都产生了一种以前没有的化学物质——萜烯。这种化学物质比水轻，带有香味，不溶于水，我们平时常见的樟脑、薄荷中就有这种液体。正是这些物质使野兔集体拉肚子，仿佛得了传染性痢疾似的，很多野兔因此丧失了性命，剩余的则集体逃离了森林。

知识
全接触

生长在欧洲阿尔卑斯山上的刺玫，也是一种很聪明的植物。当它初生的嫩芽被羊群啃噬后，很快就会长出一簇簇刺针来，让羊无法下嘴。被羊群啃食后新长出的嫩苗，在刺针的保护下，一直长到羊吃不到了，才抽出枝条。

最古老的植物

　　蓝藻又叫"蓝细菌""蓝绿藻"，是原核生物。蓝藻是迄今世界上发现最早的植物，也是植物的祖先，它生活在34亿年前的世界里。现在还在继续繁衍着，是繁殖力最强的水生植物之一。它们广泛地分布在自然界中，淡水中、海水中、高温的泉水里、冰天雪地里、岩石上，到处都能看到它们的身影。

　　蓝藻是单细胞生物，虽然没有细胞核，但是细胞中央含有核物质，通常呈网状或颗粒状，没有核仁和核膜，但具有核的功能，因此称其为原核。为什么称它为蓝藻呢？这是因为所有的蓝藻都含有一种特殊的蓝色色素。但不要以为蓝藻都是蓝色的，不同的蓝藻含有一些不同的色素，有的含有蓝藻藻红素，有的含蓝藻叶黄素，有的含有红萝卜素等。

　　蓝藻对自然界的贡献非常大，我们都知道，氮素是构成叶绿素和蛋白质、各种酶和维生素不可缺少的成分，是世界上所有生物存在的基础，而空气中的氮只有转化成有机氮化物以后才能被生物体利用。有不少蓝藻可以直接固定空气中的氮，属于固氮蓝藻。蓝藻中有100多种属于固氮蓝藻，能利用空气中的氮素制造氮素化合物。经过蓝藻的转化，空气中不能利用的氮就会转化成能够被各种生物利用的氮。

知识全接触

　　绿色植物如果缺少氮素，就会影响叶绿素的形成，不能顺利进行光合作用。植物就会从下部开始发黄，并逐渐向上部扩展，逐渐死亡。反之，植物会合成较多的叶绿素，旺盛地生长，结的果实也非常甜。如果没有氮素，花儿就不会开，果树就不会结果。一句话，没有氮素就没有生命。

植物侵略者

很多人都很喜欢外来植物，物以稀为贵，何况这些植物以前都没见过，人们总觉得它们很神秘，难免有些好奇。如果这些外来植物还能带给人们美感，就再好不过了，像紫藤就备受人们青睐。但是也有一些外来植物，一旦走出自己的家园，就变得很不安分，如恶魔一般。

1892年，空心莲子草首先在上海附近的岛屿上发现，20世纪50年代，曾作为猪饲料被推广栽培。由于空心莲子草的生存能力非常强，根系扎得很深，不怕旱涝，因此想要清除它非常困难。它侵入农田，与农作物争夺肥料和光照，使农业产量受损；在田间沟渠大量繁殖，影响农田排灌；覆盖在水面上，影响鱼类和水生生物的生长，并堵塞航道，影响水上交通；霸占地盘，排挤其他植物，使群落物种单一化，它还滋生蚊蝇，危害人类的健康。引种一种植物，居然导致了这样一场灾难，真是让人后悔莫及。

引种植物变成侵略者，给当地带来灾难的例子还有很多。1979年，英国的一种滩涂草本植物互花米草被引入我国。由于它具有耐潮湿、耐碱、根系发达、繁殖力强等特点，曾被认为是保滩护堤的最佳植物。互花米草的根系非常发达，通常是草有多高，根就有多深。它的草籽漂浮在水面上，随水四处漂流，而且蔓延速度非常快，每年可达数千亩。这种植物还能逼死树林，令滩涂中的鱼类、贝类、蟹类窒息死亡。

20世纪80年代，一种攀缘性的草质藤本植物——薇甘菊侵入我国。它的生长速度非常快，一天能生长10厘米以上；繁殖力极强，根、茎、花、果都可再生。它爬到树木的顶部蔓延开来，遮住阳光，导致树木因得不到阳光窒息而死；它也能侵入农田，使农作物减产；它还破坏生态系统，危及鸟类、猕猴以及其他动物的生存。薇甘菊现已被列为最有害的100种外来入侵物种之一。

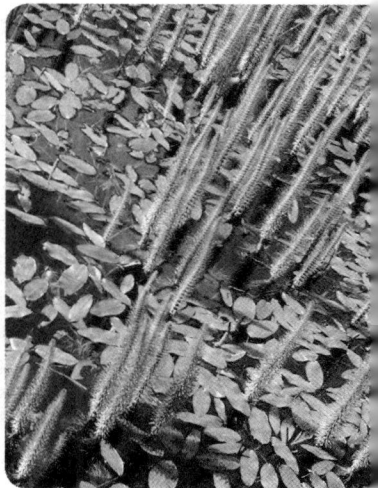

幼嫩的茵陈能治病

春天万物复苏，在山坡上、草地上、荒地上，长出一棵棵叶子上有灰白色毛的小草，闻一闻还有香气，这就是茵陈。

茵陈是菊科艾蒿属多年生草本植物，全草可以入药。有清利湿热、退黄疸的功效。关于茵陈治黄疸还有一个十分有趣的传说。

相传古时候有一个人得了一种病，面色姜黄，而且越来越瘦。他觉得自己病得很重，于是就找到名医华佗给他治病。华佗看了他那黄得可怕的脸，认定他得的是黄痨病，可是华佗也没有有效的办法治好，病人只好绝望地回去了。

半年后的一天，华佗又见到此人，但是他已经没病了，红光满面，非常健康。华佗赶忙问他吃了什么药，那人说没吃什么药，只是春天的时候闹饥荒，就吃了些野草过日子，不料还治好了病。华佗又问他吃了什么草？那人就带华佗看了野草。华佗看后说那野草是茵陈。可能是它治好了那人的病。于是华佗便用此草去治疗得了同样病的人，但是没有效果。于是华佗又去问那人是什么时候吃的茵陈，那人告诉华佗，他是在3月吃的。华佗明白了，第二年的3月他便去采了茵陈来治病，结果是治一人好一人。华佗明白了原来只有嫩茵陈才能治疗黄痨病，他以前采的太老了，所以没有效果。华佗为了让后人记住这个秘诀，就编了个顺口溜：三月茵陈四月蒿，后人一定要记牢，细嫩茵陈能治病，四月老了当柴烧。

茵陈这种植物全国都有，野外山坡、草地随处可见。

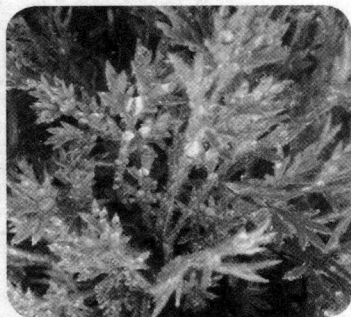

装饰花坛的五色草

我国各个城市在"五一""十一"等节日都会在公园、街心、展览馆等地配置各种色彩鲜艳、秀丽多姿的花坛，这些花坛既能增加节日的气氛，又能给人舒适欢快的感觉。

从外形上看，有斜面花坛、毛毡花坛和造型花坛之分；从花坛的平面形状看，有圆形花坛、方形花坛、条形花坛和不规则花坛之别。用来配置花坛的花卉种类有很多，常见的有菊花、瓜叶菊、荷兰菊、翠菊、藿香蓟、月季、大丽菊、牡丹、芍药、一串红、假龙头花、一叶兰、一品红、天冬草、扶桑、垂盆草等。

在花坛中，有一种五颜六色的草，虽然小而不起眼，但是承担着花坛中各种图案、花纹、文字和各种主题造型中的重要角色，在重大活动中立下了大功。这种草叫"五色草"，是多年生草本观叶植物。茎直立或基部匍匐，多分

枝。叶子小巧玲珑，呈舌状、长圆形或匙形，基部渐狭成长柄。叶有红色、绿色或黄色斑纹或部分绿色杂以红色。其变种有花叶五色草和黄叶五色草等。它的花很小，在叶腋下簇生或呈球状。它的果实不发育，采用扦插繁殖，我国各大城市广为栽培。

　　五色草的家乡在南美洲的巴西，喜温暖、湿润的气候，不耐寒。用它做毛毡花坛时，要先设计好所需形式的平面图，然后按图案栽培。如果是作立体花坛，要先做好所需要的模型，如走兽、飞鸟或古瓶、花篮等，用钢筋或木材搭成骨架，再用竹篾编扎好，四周垫好蒲包，中心填满配好的肥土或其他的栽培基质，拍实后把株苗由蒲包的缝隙中插入，种植时要紧密，每平方米栽苗350~500株，并剪短。

彩色植物

　　自然界中植物的一般景象是红花绿叶。但是，在自然界中还有一些植物，它们的叶片不是绿色的，而是五彩缤纷的，比花儿还要美丽，它们就是彩色植物。

　　你见过彩叶番薯吗？它们叶子的形状和普通番薯叶差不多，但是颜色和普通番薯不一样，色彩斑斓，叶面有乳白色、紫红色的斑纹，十分美丽。

　　更为奇特的是叶子花，它的花有3瓣，颜色鲜艳，有红色、紫色、白色、橙黄色等。花蕊也很漂亮，有淡绿、玫瑰红、鹅黄等色。花瓣和花蕊组成了绚丽的花朵。其实这花瓣是它的彩色叶片，花蕊才是花，这也就是它名叫"叶子花"的原因。

　　有些彩色植物不是天生的，而是人工的。日本大分县有个农业试验场，那里的技术人员经过长期的努力，发明了培育彩色树木的技术。它们在树干上钻3个小孔，然后不断注入染料，4个月后，树干全有了颜色。用这种彩色木料制成彩色的家具，非常好看。

　　苏联的科斯托耶夫是一名业余育种爱好者，他成功培育出了彩色玉米。彩色玉米的玉米棒上长着红色、蓝色和绿色的玉米粒，深受儿童欢迎。

　　美国的生物学家用基因工程技术成功培育出了彩色蔬菜。这些五颜六色的蔬菜摆在餐桌上非常好看，如金黄色的土豆、粉红色的卷心菜、紫色的豆荚、天蓝色的西红柿、橘红色的白菜等。

鹅观草的奇异功能

1986年，苏联最大的核电站——切尔诺贝利核电站发生事故，造成核物质泄漏。事故发生时有2人当场死亡，300多人受伤。周围大片土地受到放射性污染，10多万居民紧急迁散。距核电站7千米内的云杉、松树凋萎，1000公顷森林渐渐死亡。就连30多千米以外的"安全区"都不安全，儿童甲状腺患者、癌症患者、畸形家畜急剧增加。这一起事故震惊全球，是世界上最严重的核事故。水源、土地被严重污染，成千上万的人被迫离开家园。

人死不能复生，伤者可以救治，核电站可以封死，可是周围土地里的放射性污染物怎么办？拣也拣不起来，筛也筛不出来。这些被污染的土地还能复原吗？法国的核研究专家发现，在核污染的土地上种植鹅观草，可以除掉核污染物。

鹅观草是禾本科鹅观草属多年生草本植物，草秆丛生，直立，高可达1米。1991年夏天，在切尔诺贝利核污染区首次试验。虽然那里的土壤不适合鹅观草生长，但是荒凉的不毛之地还是长满了鹅观草，割除5厘米后，几乎除掉了土壤中全部的核污染物。割除的鹅观草烧掉后，将草灰按处理核废物的办法进行深埋或用其他

吸收重金属的荞麦

德国40%的土地都受到了不同程度的污染，主要污染物是有毒化合物和重金属。传统净化土地的方法不仅浪费钱，还会破坏土地的生态环境。于是，德国科学家把目标放在植物上，着手培育能吸收重金属的植物，并把能保护环境的植物称为"生态植物"。

德国科学家首先发现的一种生态植物是荞麦。一般人都知道荞麦，它是1年生农作物，抗逆性强，生育期短，极耐贫瘠，1年可多次播种多次收获。茎直立，红褐色或淡绿色，光滑，多分枝。叶呈绿色，心脏形如三角状。春夏间开白色小花，花梗细长。果实为干果，黄褐色，卵形，光滑。荞麦有多个栽培品种，其中苦荞最具营养价值。苦荞茎紫红色，叶子绿色，开白色小花，子实黑色，可磨成荞麦面食用。荞麦面含胆固醇低，深受人们喜爱。

荞麦起源于中国，是中国古代重要的粮食作物和救荒作物之一。栽培历史悠久，最早的荞麦实物出土于距今2 000多年前的陕西咸阳杨家湾四号汉墓中。

荞麦年产量很高，每公顷可达200~300千克，1公顷荞麦可从土壤中吸取322克锌和24克铝。在被重

金属污染的土地上种植荞麦，虽然收获后不能食用，但可用做发电厂的燃料，燃烧后金属留在灰渣中，灰渣可以作为肥料施给缺少这些金属元素的土壤。发电厂所发的电能可弥补耕作的全部费用。

知识
全接触

荞麦开花多，花朵大，花期长，蜜腺发达，具有香味，是我国三大蜜源作物之一。大面积种植荞麦，不仅可以促进养蜂业和多种经营业的发展，还可以提高荞麦的受精结实率。在荞麦田放蜂，荞麦的产量可提高20%~30%。

前途无量的能源植物

随着科学技术的不断发展，能源的消耗量也日益增大。现代化机器、工矿企业、交通工具等每时每刻都在蚕食着地球上的能源。人类现在使用的主要能源是煤和石油，但是消耗速度非常快，在不久的将来，煤和石油都会枯竭。于是科学家们想到了植物能源，希望能从植物中找到煤和石油的替代品。

澳大利亚的生物能源专家找到了半角瓜和桉叶藤这两种石油植物，它们是多年生植物，而且生长速度很快，1周可以长高30厘米，1年可以收割很多次。这两种植物的"石油"含量很高，每公顷可出"石油"65桶。

油楠是一种"柴油树"，属于苏木科。油楠树高约30米，树干直径有的达1米以上，生长在海南岛霸王岭、吊罗山、尖峰岭三大林区。油楠的心材部分，能形成油状液体，呈棕黄色，很像柴油。油楠一般长到12~15米的时候，就能产生"油"。如果在正在生长的树干上钻个洞，洞口就会有"油"流出来。在采伐的过程中，有的植株在伐倒的树干断面上，会分泌出"油"，有的在锯到心材时，"柴油"会顺流而出。一棵大树每采集一次，能得到"油"3~4千克。东南亚的很多地区都有油楠分布，在菲律宾等国家，居民常常用油楠的油来点灯照明。此外，油楠油还可用于治疗皮肤病和做香料。

汉咖树最早发现于菲律宾的阿巴耀省，是一种野生果树，这种果树生长3年就能结果。每年开3次花，每棵树每次可以收获15千克果实。果实内含15%的酒精，可以直接燃烧，燃烧时会冒蓝色火苗，当地的居民用这种油点灯照明，菲律宾正在研究用这种果油作为内燃机的燃料。

地球面积的71%是海洋，如果能在大海中养殖能源植物，潜力更大。面对成千上万种海洋植物，科学家首先选中的目标是巨藻，因为它是海洋中身体最长最大、生长速度最快的植物。巨藻一般长100米左右，有的能长到300~400米，最长的达500米以上。

巨藻需要某些微生物的帮助，才能成为能源植物。人们先把巨藻切碎，然后加入需要的微生物。在一定的温度压力下发酵，几天之后，就会产生出可燃性气体，这种气体和天然气相似。1 000吨巨藻能制取40 000立方米的气体燃料，巨藻的确是前途无量的能源植物。

有毒的植物

雷公藤

在南方的一个农村曾经发生过这样一件事。一户人家要做乌米饭吃，所谓的乌米饭，就是用在山上采来的乌饭树叶的汁，把大米染成乌色，然后蒸熟。但是这家女主人不知道是蒸了好吃还是煮了好吃，就去问她的邻居，邻居告诉她蒸了好吃，并且还说可以替她蒸。于是邻居家的妇女就将这家女主人从山上采来的乌饭叶处理后，加了大米用蒸的方法做出了乌米饭，这种乌米饭确实有一股浓香。邻居家的妇女做好了乌米饭就回家了。这户人家吃完乌米饭后，全家人都肚子痛，由于女主人吃得多，肚子疼得更厉害，结果死了，其他人经过抢救活了下来。这家人很奇怪，为什么吃了饭就肚子痛呢？于是想到他们家曾揭发过一个偷盗的人，而这个人就是帮他们

做乌米饭的妇女的儿子，是不是那位妇女怀恨在心，想下毒害死他们呢？

后来警方经过调查发现，这家人的厨房里还有没有用完的乌米树叶，但却有些不像是乌米树叶，而又不知道是什么叶子。于是找来了植物学家，植物学家看过之后才知道那不是乌饭树叶，而是雷公藤的叶子，是这家主人采乌饭树叶时，误采了雷公藤叶子。而雷公藤是有剧毒的植物。这样，疑案便水落石出了。

雷公藤属于卫矛科雷公藤属木质藤本植物。长可达3米。小枝呈棕红色，密生瘤状皮孔及锈色短毛。叶为宽卵形或椭圆形，长4～9厘米，宽3～6厘米，很像乌饭树的叶子。但是乌饭树属于杜鹃花科，两者相差甚远。雷公藤花绿白色，直径达5毫米，花瓣5枚，呈椭圆形。果实有膜质翅。

雷公藤全株有毒。《本草纲目拾遗》中详细记载了其毒性："采之毒鱼，凡蚌螺亦死，其性最烈，以其草烟熏蚕子则不生。"雷公藤对人的毒性比较大，误服2～3片叶子就会中毒，服根皮30克以上就可造成死亡。中毒的症状一般在2小时以后出现，主要有腹泻、剧烈腹痛、呕吐、血压下降、胸闷气短、体温下降、心跳无力、休克及呼吸衰竭等。雷公藤对猪、狗、鼠和鱼类的毒性较大，而对兔、羊、猫的毒性较小。

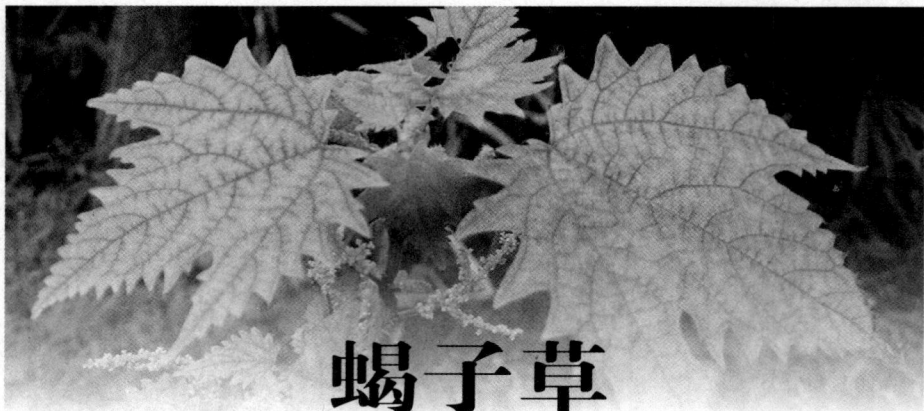

蝎子草

有时候我们走过林下或沟边阴湿的地方，手或脚不小心碰到某些植物时，会觉得火辣辣的，感觉像是被蜜蜂或蝎子蜇了，皮肤很快会出现斑状红肿，至少要等上几个小时甚至是几天以后疼痛才会消失，那么这些植物可能就是蝎子草。

蝎子草分布在我国北方，是一种常见的"蜇人"植物。它是1年生草本，茎直立，高1米左右。植株生有大蜇毛，叶子圆卵形，长4~17厘米，宽3~15厘米，先端尖，叶子边缘具有粗锯齿。蝎子草属于荨麻科植物，这科植物有很多都带有蜇毛，能蜇人。在我国北方，除了蝎子草外，还有掀麻、狭叶荨麻；南方有大蝎子草、荨麻；而珠芽艾麻和宽叶荨麻，南北各地均有分布。

蝎子草为什么能蜇人呢？这是因为它的植株上有大蜇毛，这些大蜇毛长约6毫米，直立而开展。当人或动物的皮肤碰到蜇毛，蜇毛的刺尖就会扎进皮肤，管内的液体就会注入人或动物的皮肉。这种液体含有一种特殊的酶素和醋酸、蚁酸、酪酸以及含氮的酸性物质，使被蜇者疼痛难忍。

荨麻科的许多蜇人植物，都很有用途。有的可作药用，有的茎皮纤维可制成绳索和供纺织用，有的种子可榨油。不过有一点需要注意，采摘时一定要戴上手套。

莨菪

　　唐朝末年，社会动荡，各地强盗横行，到处抢劫，人民不得安宁。据说在一个边远的小村庄，十几个强盗来到一户人家，这户人家只有夫妻二人，强盗们把男主人绑起来，将财物抢劫一空，还把这家的猪给宰杀了，拿来让女主人帮他们做下酒菜。

　　女主人非常聪明，心想这帮人穷凶极恶，明着是斗不过他们的。于是她灵机一动，想出了一个好办法。在做饭菜的时候，她偷偷地把家里储存的一些莨菪取出来捣烂和进菜肴之中。饭菜做好了，她还殷勤地帮强盗们把酒烫好。强盗们非常高兴，大吃大喝起来。不一会儿，热酒下肚后药力发散，强盗们个个迷迷醉醉，不省人事。于是女主人把男主人解救下来，并一起把强盗们都杀了。这时候，人们不禁要问，莨菪是什么东西呢？

　　莨菪又称"天仙子""闹羊花"等，是茄科天仙子属2年生草本植物。株高15～70厘米，有特殊的臭味，全株被黏性腺毛。茎直立或斜上伸，密被柔毛。叶卵状长圆形或长卵形。花淡黄绿色，基部带紫色。种子淡黄棕色，近圆盘形。适宜生长在1 700～2 600米的山坡、路边和林旁。我国东北、华北和西北地区均有分布。

　　误服莨菪叶、枝、花、种子、根过量会中毒，中毒症状为烦躁、面红、出现幻觉、苦笑不止、口干皮燥，严重者可致昏迷，甚至死亡。

茴茴蒜

茴茴蒜又称"野桑葚""山辣椒""小虎掌草""鸭脚板"等。它既不是茴香，也不是大蒜，而是一种多年生草本植物，高15~50厘米。茎直立，有伸展的淡黄色糙毛。叶宽卵形，长2~7厘米，中央小叶具长柄。花序具疏花，萼片呈淡绿色，长约4毫米，船形，外面疏被柔毛。花宽倒卵形，有5瓣，为黄色。聚合果近长圆形。花期为4~6月，果期7~9月。

茴茴蒜属于毛茛科，毛茛科的植物多有毒，但茴茴蒜有些特殊。这还得从一个故事说起。

从前，有一位老人，他两脚当面骨处的皮肤长有癣，非常痒，这癣折磨他好多年了，但总是治不好。这次他又去看大夫，问大夫怎么能治好，大夫看了以后说，用鲜茴茴蒜捣烂外敷就可以治好。治了这么多年都没有治好的病，突然大夫给了这样一个奇特的偏方，而且还说用了就可以治好，老头高兴极了。正好他家外面就有茴茴蒜，于是他就采来一把，把它捣烂，敷在脚上，为了让茴茴蒜能与脚更好的接触，他还用布包好。可是到了晚上，他的脚开始如火烧般的疼痛，于是他赶忙打开布，眼前的情景把他吓了一跳，脚上的皮肤起了很多泡，于是他赶忙把药除了，然后又去找大夫，大夫小心翼翼地把起泡的外皮去掉，进行了消毒处理。幸好处理地及时，没有感染，因而慢慢地就恢复了健康。泡是没有了，但是癣依然没有治好。

茴茴蒜为什么对皮肤有如此强烈的刺激性呢？原来它含有原白头翁素，原白头翁素能引起皮肤发泡。这是茴茴蒜有毒的表现之一。

在东北、华北、西北和西南地区都有茴茴蒜分布。此草对牲口有毒，且毒性强。牛、马、羊吃了就会中毒，中毒的症状表现为胃肠发炎、下痢、疝痛、呕吐、瞳孔放大乃至痉挛。

断肠草

　　传说，神农氏自幼聪颖过人，上识天文，下晓地理。经常帮助人们解决一些难题。他看到人们过着苦难的生活，便教人们制作农具，耕种五谷，解决他们的吃饭问题。当他看到人们患上疾病无药可治，只能眼睁睁地死去时，心里非常痛苦。于是他决定尝草找药，为百姓治病，使他们免受疾病的折磨。他不顾个人安危，常年奔走在山林原野中，翻山越岭，尝遍百草，哪怕中毒也毫无畏惧。

　　相传神农的肚肠是透明的，他能清楚地看到自己吃进肚里的东西。有一天，神农看到了一些翠绿的叶子，这些叶子还散发出淡淡的清香，于是他就摘了一片吃了，令人意想不到的是，这片叶子竟然将他的肠胃清洗得特别清爽，于是他就将这种叶子带在身边，用来解毒。以后每次中毒，神农就吃这种叶子，最后都化险为夷。他还曾一天内中毒72次，都是这种叶子使他转危为安。辛勤的神农最终为人们找到了很多治病的药材。

168岁的时候，神农在一个向阳的地方发现了一种开着淡黄色小花的藤，于是他就摘了一片叶子咽下。很快，毒性发作了，出现了不适，神农刚想吞下解毒的叶子，却看见自己的肠子已经断成一截一截的了，没过多久，神农就断送了自己的性命。因此，人们就把这种植物称为"断肠草"。

断肠草是葫芦藤科1年生藤本植物，也称"钩吻"。外形和金银花接近，夏季开黄色小花，结出豆荚形状的果实。茎只有铅笔芯粗细，叶子零碎而细密，小指甲般大小，根部有一股臭味。

断肠草的花、叶、茎、根都有剧毒，误食可致命。据说，如果人吃了蜜蜂采断肠草的花粉酿出的蜂蜜都会中毒。《本草纲目》中有"黄精益寿，钩吻杀人"的警语。吃下断肠草以后，肠子会变黑粘连，人会腹痛而死。一般的解毒方法是洗胃，服炭灰，再用碱水和催吐剂，洗胃后用绿豆、金银花和甘草急煎后服用。

毒　芹

毒芹又称"野芹菜""芹叶钩吻""白头翁"、"走马芹"，是伞形科毒芹属多年生草本植物。形态似芹菜，多生长在池塘边、河沟、草甸等潮湿的地方。植株高1米左右，夏天开白色的花，散发一种难闻的臭气，叶很像芹菜叶。根茎圆形、多肉、粗厚、绿色透明，上部有分枝。果实扁圆形。

毒芹全株有毒，主要成分有毒芹碱、毒芹毒素和甲基毒芹碱。毒芹碱的作用和箭毒类似，能麻痹运动神经，抑制延髓中枢。30~60毫克能使人中毒，120~150毫克能致人死亡。干燥和加热能降低毒芹的毒性。

中毒多发生在早春和晚秋，在春季毒芹比其他植物萌发得早，牛羊饥不择食，有的只采食毒芹的小苗，有的甚至连地表的毒芹根茎也采食，因而引起中毒。夏季毒芹虽然生长茂盛，但是由于有类似芹菜的气味，因此牛羊不愿意吃，所以很少引起中毒。

误食毒芹30~60分钟，会出现口咽部有烧灼感、恶心、呕吐、腹泻、腹痛、站立不稳、四肢无力、吞咽及说话比较困难、呼吸困难、瞳孔散大等中毒症状，严重时可因呼吸麻痹而死亡。

知识全接触

毒芹分布地区的人们要掌握食用芹菜和毒芹菜的区别，避免中毒事件的发生。对于无法辨别毒芹的人，绝不要采食。总之，不要采摘、食用自己不认识的野生植物。据说古希腊哲学家苏格拉底就是被毒芹碱毒死的。

白头翁

在夏季茂盛的田野里，经常可以看到星星点点的蓝色小花，金黄的花蕊让人觉得特别温暖，这就是白头翁。

白头翁主要分布在广西、广东一带，除此之外，它还有一些有趣的名字。在贵州、吉林，人们称它为"银翘花""土黄芩"，四川称它为"秋牡丹"，甘肃、陕西称它为"打碗花""野棉花"。

白头翁为毛茛科白头翁属多年生草本植物，高15~35厘米，全身覆盖着

柔毛。基生叶4~5片，具有明显叶柄，宽卵形。花梗长2~6厘米，花萼蓝紫色，花蕊金黄或深黄色。生长在荒地、山野及田野间，我国黑龙江、辽宁、吉林、山东、河北、安徽、河南、陕西、山西、四川、江苏等地均有分布。

但是千万记住，不要禁不住它的诱惑去采摘，因为它们全身是毒。白头翁的植株内含有白头翁素、白头翁酸、白头翁皂苷、挥发油等，特别是根部，毒性很强，对皮肤和黏膜有强烈的刺激作用，可使内脏血管收缩，末

梢血管扩张。具体地说，如果是外部皮肤中毒，可发生局部疼痛、肿胀；如果误食，将出现口腔炎、口腔黏膜肿胀、灼热、腹泻、呕吐，甚至便血、血压下降、心跳快而弱以致休克等循环衰竭。

如果发生了误食白头翁的情况，应立即催吐、洗胃、内服蛋清，用4%的碳酸氢钠溶液清洗口腔。如果只是外部皮肤黏膜中毒，不必太紧张，可用清水或硼酸水清洗，同时用绿豆60克，甘草15克，水煎两次合在一起，每小时服用一次，两次服完，连服3~4剂便可痊愈。

紫茎泽兰

　　紫茎泽兰又称"马鹿草""解放草""黑头草""破坏草"，是菊科泽兰属多年生草本植物，株高1~2.5米。外形恰如其名，紫红色的茎秆，上披灰色锈毛。叶对生，呈菱形，头状花序，直径达6毫米，每年的2~3月开花，花较小，白色。瘦果呈菱形，种子很小，有刺毛，4~5月成熟，可随风飘散，产量很大，每株每年可产1万粒左右。适应能力非常强，在贫瘠、干旱的荒坡地，甚至石缝里都能生长。

　　紫茎泽兰的再生能力极强，堪称一绝。它的茎上常会生出须根一样的不定根，当被人和动物践踏在地上，它就会悄悄地钻进土里，然后东山再起。如果你想把它"斩尽杀绝"，正好如了它的愿，它的不定根可以趁这个机会扎入地下，形成新的植

株。真的是"野火烧不尽，春风吹又生"。紫茎泽兰的生命力旺盛，无论是火烧、刨挖、割除，都不能消灭它。

难道真的就没有办法除掉它了吗？不用担心，它也有致命的弱点，那就是它不能生活在光照较弱的地方。还有就是它在幼苗时期，根部长得比较浅，生长得比较慢，若在这个时候加紧除苗，不仅省力，效果也好。

紫茎泽兰的再生能力强、生命力顽强，这些看起来都是优点，也没有什么不好，人们为什么这么讨厌它，要铲除它呢？原来人们努力铲除它，是因为它对人和动植物都会产生极大的危害。人如果在它开花的时候吸入它的花粉，就会鼻塞、咳嗽、打喷嚏、流鼻涕，非常难受。更糟糕的是，它全株有毒，牛、马、羊若误食，就会出现肌肉紧张、阵发性痉挛、甚至死亡。马对紫茎泽兰最敏感，一旦误食，死亡率最高。1979年，云南省就有5 000多匹马因误食而发病，其中有3 486匹马死亡，因此人们将它称为马的"杀手"。

紫茎泽兰还侵占林地、农田，与林木和农作物争夺肥料、水、阳光和空间，还分泌化学物质，排挤本地植物，并且会堵塞水渠，阻碍交通。

1935年，紫茎泽兰由东南亚侵入我国，首先在云南南部被发现。目前，云南80%面积的土地都分布有紫茎泽兰，四川、贵州、西藏、广西等地也有分布。

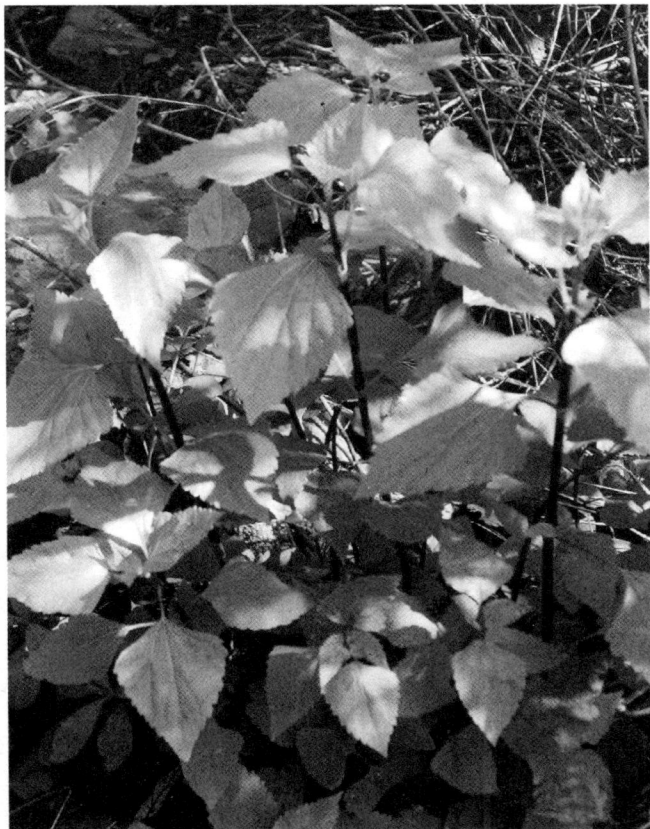

龙　葵

　　在坡前、田边、屋后，经常可以看到一种开白花、结黑果的植物，它就是龙葵。龙葵又称"天茄苗儿""天茄子""救儿草""天天茄""水茄""后红子""天泡草""天泡果""老鸦酸浆草"，是茄科茄属一年生草本植物，和辣椒、茄子有着较近的亲缘关系。植株高30~100厘米，茎直立，多分枝。叶互生，呈卵形，长2.5~10厘米，宽1.5~3厘米。

　　龙葵的浆果成熟时为黑色，吃起来有甜味，因此有人给它起了个形象的名字——黑甜甜，可供食用和酿酒。

　　还有人把龙葵叫作"苦葵"，这是为什么呢？原来龙葵的植株和没有成熟的果实中含有茄碱、边茄碱和澳洲茄碱等毒素。人畜误食以后，会出现恶心、呕吐、腹泻、呼吸和脉搏加快等症状，严重的会导致站立不稳和死亡。

　　近年来，龙葵对大豆的生长影响严重。这是因为农民常在大豆田里使用除草剂，可是除草剂除得掉杂草却除不掉龙葵，其他杂草都除掉了，龙葵反而生长得更旺盛。它不仅和大豆争水分、阳光和肥料，还会在收割的时候堵塞收割机。它的浆果粘在大豆上，严重影响大豆的品质。

　　龙葵的每个浆果含有20~50粒种子，种子即使埋30年，一样可以发芽生长，5年后的种子发芽率高达90%。龙葵的繁殖能力很强，从春天到夏天，只要土壤的温度适宜，龙葵就会萌芽生长。因此，想除掉它很难。

巴　豆

　　小时候曾在电视剧中看到士兵在地上撒巴豆，让敌军的马闹肚子。这样一个小画面，很容易让人记住吃巴豆会拉肚子。

　　巴豆属大戟科常绿小乔木，高6~10米，嫩枝绿色，花也是绿色，树皮深灰色，而种子只有3枚。巴豆有很多有趣的名字，在我国台湾被称为贡仔、淋疯树、猛树、蛮当；在广西被称为将军、木巴豆、天下无敌手；湖南、湖北则称它为毒鱼子等。主要分布在湖南、湖北、四川、贵州、云南、广东、广西、浙江、江苏、福建、台湾。

　　巴豆全株有毒，毒性来源于其体内的巴豆毒素，巴豆毒素是一种毒性球蛋白，它对胃肠道黏膜具有强烈的刺激、腐蚀作用，可引起呕吐、恶心及腹痛，重则发生出血性胃肠炎，大便内带黏液和血，将这种毒素涂在皮肤上，会使皮肤起泡。

　　用巴豆液喂兔子、山羊、小鼠、鸭、鹅等还不会有什么太大的反应，但牛、马服用后，轻则会引起食欲缺乏、腹泻等症状，重则死亡。

　　巴豆中毒的处理方法是早期催吐，并选择浓度为1∶2 000~1∶5 000的高锰酸钾、微温水或橄榄油洗胃，并输液以促进毒物排泄；若是中晚期，要根据症状做出相应的处理。如果只是皮肤中毒，用15克黄连泡水涂搽局部即可。

蓖 麻

蓖麻属大戟科一年或多年生草本植物。在东北、河南、安徽、广西被称为"金豆""大麻子";在云南、福建、台湾被称为"红蓖麻";在北京被称为"天麻子"。这种灌木状草本植物,高2~4米,全株光滑,通常呈绿色、紫红色或青灰色。茎圆形中空,有分枝。叶较大,但是花比较小,且非常不显眼,多为黄色或深红色。种子椭圆形,种皮比较硬,光滑且有黑、白、棕色斑纹。蓖麻原产非洲东部,后来经亚洲传到美洲,又传到欧洲。中国的蓖麻由印度传入,栽培和利用历史悠久,已有1 300多年。长期以来都没有大规模种植,只是零星种植,多种植在低山坡、路旁或宅旁。

蓖麻的种子叫"蓖麻籽",蓖麻子含油量高达70%。蓖麻油凝固点低,黏度高,既耐高温又耐严寒,在500℃~600℃下不会凝固和变形,在−8℃~−10℃的低温中不会冰冻。具有其他油脂所没有的特性,为轻工、化工、机电、冶金、印刷、纺织、染料等工业和医药的重要原料。油粕可作饲料、肥料以及活性炭和胶卷的原料。茎可作为造纸的原料,有很高的经济价值。

就是这种极具经济价值的植物,却全身带毒。其中种子的毒性最大,儿童误食2~7粒,成人20粒就会中毒死亡。一般轻度中毒者半天后表现衰弱无力,重者有腹痛、恶心、呕吐、四肢抽搐、体温升高、呼吸加快等症状,不及时抢救,会有生命危险。马、牛、猪等误食蓖麻籽,会引起食欲减少、下痢、呕吐、痉

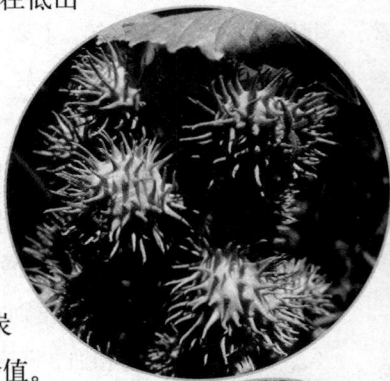

挛、疝痛，严重时死亡。

　　蓖麻会有这么厉害的毒性，是因为它体内含有蓖麻毒素和蓖麻碱，这两种物质能损害肾、肝中的实质细胞，致使其肿胀、浑浊、出血及坏死等，同时对红细胞有凝集和溶解作用，并麻痹血管运动中枢、呼吸中枢。相对而言，蓖麻毒素的毒性比我们所知的剧毒砒霜还要大。因此，看见蓖麻林时，一定要远离它以免发生危险。

刺 桐

刺桐在我国华南地区以及四川、重庆等地被广泛栽培，主要用作庭园树或防风林。这种在郊野荒坡、街头巷道到处可见的植物，平日里并不引人注意，但是它丰富的文化背景使人们对它另眼相看。

你也许知道沙漏时钟可以记载光阴流逝，但你可能不知道还可以用刺桐来计时。曾有一些地方的人，把刺桐看作时间的标志。如300多年前，当汉人移民到台湾时，发现台湾的平埔族同胞根本没有日历，甚至连年岁都没有，不能分辨四时，而是将山上刺桐花开的周期计为1年，过着自由自在的生活。花开花谢又一年，自然美丽的时钟带着淳朴的乡趣。

刺桐别名"空桐树""山芙蓉""广东象牙红"，是蝶形花科刺桐属落叶乔木。树形高大，一般高10~15米，树皮淡灰色，有凹凸，枝叶繁茂。花色艳丽，花形像辣椒，远远望去，每一只花序就好像一串熟透了的辣椒，火红火红的。种子呈椭圆形，

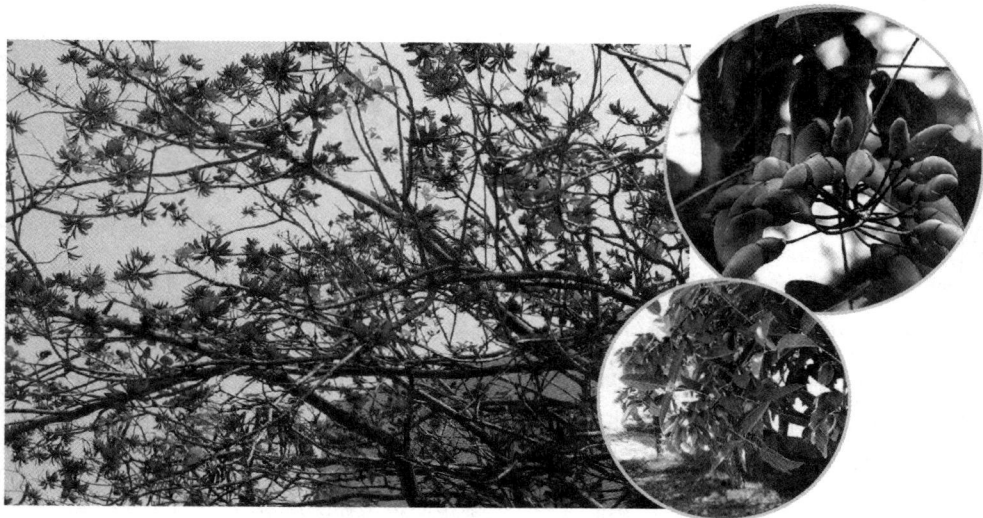

为红褐色。

刺桐属植物有30多种，常见种有火炬刺桐、珊瑚刺桐、大叶刺桐、黄脉刺桐等。刺桐的茎皮和种子有毒。误食生鲜的种子或其他部分，会出现头昏、嗜睡、四肢无力等症状。

刺桐木材质地轻软，可用来制造玩具。树叶和树根均可入药，有解热、利尿的功效。

知识全接触

阿根廷人非常喜欢刺桐，把它定为国花，这可能与一个古老的传说有关。传说当时阿根廷境内，很多地方都遭遇了水灾，不过奇怪的是，只要生长刺桐的地方，都未被洪水淹没。

因此，人们把刺桐看作神的化身，广为栽培。每年元旦，阿根廷就将刺桐花撒向水里，然后进入水中，用花瓣洗澡。表示去掉污垢，得到新年的好运气。

在我国一些旧的风俗习惯里，人们还用刺桐开花来预测第二年的收成，如头年的花期晚，而且花势繁盛，就认为来年会五谷丰登、六畜兴旺，否则相反。所以刺桐又称"瑞桐"，代表着吉祥如意。

女 贞

女贞别名"桢木""蜡树""冬青"等，木樨科女贞属常绿灌木。株高3~5米，也有高达10米以上的。枝条纤细而质硬，幼嫩部分有毛。叶为卵形或卵状长椭圆形，表面呈深绿色，有光泽，背面平滑无毛，淡绿色，叶缘镶有乳黄色条纹。开白色小花，花后结长椭圆形核果，长约0.8厘米。核果成熟时呈紫黑色。女贞枝繁叶茂，树冠圆整，终年常绿。夏季小白花布满枝头，在绿叶的映衬下，显得非常醒目。秋季果实挂满枝头，十分壮观。冬季叶葱翠，展现出坚贞不屈的风姿。

女贞虽然很优雅，但是它有毒，而且毒性还很大。误食了女贞的枝、叶或树皮后，会出现四肢无力、瞳孔放大的症状，2~3天后就会死亡。所以，一旦误食，要马

上去医院做洗胃处理。李时珍在《本草纲目》中这样描述女贞："此木凌冬青翠,有贞守之操,故以女贞状之。"

关于女贞还有一段凄美的传说。相传有个善良的姑娘叫贞子,从小就没了爹娘,和姐姐相依为命,长大后嫁给了老实的农夫。农夫从小也没了爹娘,和贞子同病相怜,两人十分恩爱。谁知结婚不到3个月,丈夫就要被抓去当兵,任凭贞子怎样哭闹,丈夫还是被强行带走了。丈夫这一去就是3年,音信全无,贞子整日哭泣不已,盼望着丈夫能够早日回来。有一天,同村的一个当兵的逃了回来,带来了她丈夫已战死的噩耗。贞子当即晕了过去,醒过来以后,整天不吃不喝,身体一天比一天虚弱,姐姐劝慰她说,捎来的信不一定属实,贞子才挺了过来。但是这一沉重打击,还是让她在半年后倒下了。临死前,她让姐姐帮她办件事,就是等她死后在她坟前种棵冬青树,如果丈夫活着回来,冬青树就代表贞子永远不变的心意。

果然有一天,贞子的丈夫回来了,听贞子姐姐说完贞子生前的情形时,跑到贞子坟前哭了3天3夜,泪水洒遍了冬青树。于是人们把冬青树称为"女贞",代表了贞子忠贞不渝的爱。

知识
全接触

女贞的果实,在整个冬季都不会从树枝上掉下来。当鸟儿没有东西可以吃,饥饿难忍的时候,可以吃女贞的果实来维持生命。因此,女贞的花语是"生命"。

油 桐

    春天万物复苏，植物开始长出嫩芽时，油桐花就开了。远远望去长满油桐树的山上犹如一片白茫茫的花海。走进花海，一阵春风吹过，油桐花便纷纷落下，瞬时地上就会密密地铺满洁白的花朵，让人感觉像是进入了一个雪白的童话世界。

    油桐属大戟科油桐属落叶乔木，油桐树形修长，高3~8米，树冠呈水平展开，树皮灰褐色，幼时光滑，老时变得粗糙。叶互生，卵形或宽卵形，长15~30厘米，宽4~15厘米，叶基心形。它的叶柄很长，叶片和叶柄的连接具有腺体。油桐在4~5月开花，花冠白色，基部略带红色，花5瓣呈五角星形，花瓣白色，有淡红色的条纹。雌雄同株异花，雄花有8~10枝雄蕊，雄蕊为红色，花粉为黄色。

    秋天结扁球形果实，果实顶端有短尖头，果内有3~5粒种子。种子有厚壳状种皮，种仁含油量丰富，采摘后晒干可压榨成桐油，桐油色泽金黄，有光泽，不能食

用，是重要的工业用油，具有不传电、不透气、抗酸碱、防腐蚀、耐冷热等特点。广泛用于制漆、电器、塑料、人造皮革、人造橡胶、人造汽油等制造业。在没有电灯的年代，有的人便用桐油灯照明。桐油还有很好的防水功能，以前人们做了新家具，会在上面刷一层厚厚的桐油，以防水防虫，延长家具的使用寿命。

油桐是我国特有的经济林木，与核桃、油茶、乌桕并称我国"四大木本油料植物"。油桐栽培历史悠久，已有千年以上，1880年以后才陆续传到国外。中国最大的油桐树生长在福建省漳浦县石榴公社。这株油桐树高36米，冠幅36.5米，平均每年结果1 000多千克，可榨50多千克桐油，素有"油桐王"之称。贵州、湖南、湖北、四川为我国生产桐油的四大省份，四川的桐油产量居全国首位。

油桐树虽然有很高的经济价值，但也是有毒植物，其全株有毒，种子毒性较大，树叶及树皮次之。种子榨油后的油饼仍然有毒，比桐油毒性大。人食1粒种子即可中毒，甚至会有生命危险。中毒的症状先是腹痛、大吐大泻，然后是口渴、头昏，以致虚脱等。山羊吃了油桐树叶，也会出现精神萎靡、不食、腹泻、便血、流涎等症状。所以一定要小心提防，千万不要误食。

知识全接触

千年桐是油桐的一种，学名是"木油桐"，因其果皮有皱纹，所以又被称为龟背桐，寓意"长命百岁"。

有毒的花卉

　　花卉总是给人以美的感受，但是有些花虽然美丽，却具有不同程度的毒性，在培养的过程中要注意防护。很多人都喜欢用手去按仙人球的刺玩，以后要注意，不能再这样做了，因为仙人掌类植物的刺内含有毒汁，人若被刺伤，毒汁会引起皮肤红肿、瘙痒、疼痛。虎刺梅、霸王鞭的茎中含有毒的白色汁液，千万不要入眼。光棍树茎干中有毒的白色汁液若进入眼睛，有引起失明的危险，接触皮肤会引起红肿。

　　含羞草内含有羞草碱，羞草碱有毒，接触皮肤会引起毛发脱落。石蒜的鳞茎内含有有毒物质——石蒜碱，若石蒜碱与皮肤接触，会引起红肿发痒，若吸入呼吸道后会引起鼻出血。误食石蒜轻则会引起腹泻、呕吐、手脚发麻、休克；重则会有生命危险，可因中枢麻痹而死亡。

　　花叶万年青的叶、花内含有影响人体健康的草酸和天门冬素，误食后轻则引起咽喉、口腔、食道、肠胃肿痛；严重的可使人变哑。

　　夹竹桃叶、枝及树皮中含有夹竹桃苷，误食几克重的干物质就能引起中毒。一品红的毒性也很大，误食茎叶可能导致死亡。

毒品植物

罂　粟

　　罂粟为1年生草本植物，每年初冬播种，春天开花，花色非常艳丽，有粉红、红、紫、白等多种颜色，是一种十分美丽的植物。

初夏时，罂粟的花凋落，结出长椭圆形或壶状的果实。未成熟的果实中含有生物碱，划破果皮，会有汁液渗出，等它干后变硬再刮下来就是生鸦片。对生鸦片进行蒸煮和发酵，得到的就是熟鸦片，吸毒者吸食的就是熟鸦片。

19世纪初，德国年轻的药剂师泽尔蒂纳首次从鸦片中分离出一种白色结晶。他认为这种物质是鸦片催眠、镇痛的主要成分，于是就以希腊神话中睡神的名字来给这种物质命名，

译成中文就是"吗啡"。本想为人类造福的他万万没有想到，自己所做的一切就像是打开了潘多拉的魔盒，给百年后的人类带来了无尽的灾难。虽然吗啡的镇痛、催眠效果大大超过了鸦片，但是容易上瘾，服用量稍大就会出现中毒反应。吗啡的问世，最终把罂粟推上了绝路。

不过这一切都没有阻止人们对特效止痛药的研究，为了研制一种不会上瘾的止痛药，1874年，英国人莱特用吗啡与乙酸酐混合沸煮，得到二乙酰吗啡。但令人失望的是，尽管这种化合物的镇痛作用高于吗啡8～10倍，但是它的毒性更大，上瘾性也达到了登峰造极的地步。于是他停止了实验和使用。

然而到了19世纪末，德国人再次提出了二乙酰吗啡，并将它作为非上瘾性麻

醉剂，向全世界推销，药品的商标是德文中代表女英雄的词汇——海洛因。海洛因的问世，终于把罂粟推上了"有毒植物之王"的死亡宝座。它能使"瘾君子"产生异常欢快的感觉，如果上瘾后突然停用，就会变得焦虑不安、流泪、流涕、呕吐、恶心、腹泻、腹痛、忽冷忽热，过量服用会因呼吸抑制而死亡。长期使用海洛因的人，会早衰、消瘦、便秘、贫血、食欲缺乏……吸毒者每享受一次海洛因的"快乐"，就向死神迈进了很大一步。

在古埃及，人们称罂粟为"神花"。古希腊人也非常喜欢罂粟，为了表达对罂粟的赞美之情，让执掌农业的司谷女神手拿一枝罂粟花。在古希腊神话中还有一个有关罂粟的故事，许普诺斯是统管死亡的魔鬼之神，他的儿子叫玛非斯，玛非斯手中拿着罂粟果，守护着酣睡的父亲，以免他被惊醒。

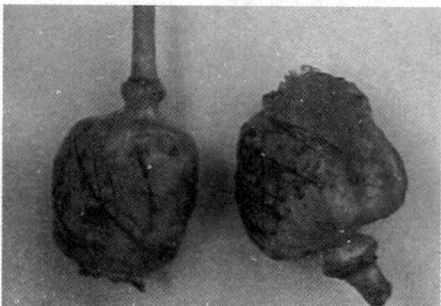

知识全接触

极纯的海洛因就是我们常常听到的"白粉"，根据用途和纯度的不同，海洛因分为"2号""3号""4号"。由于海洛因比吗啡更容易溶于水，更容易被机体吸收，更容易通过血脑屏障进入中枢神经系统，因而产生的快感比吗啡强烈得多，常使吸毒者身不由己，心中别无他念，只有"白粉"。

大　麻

　　在我国，大麻俗称"火麻"，为大麻科1年生草本植物，高1~3米，全株有特殊气味。叶掌状全裂，有裂片3~11片，小叶披针形，长7~15厘米，两面披毛，先端渐尖，基部渐狭，边缘有锯齿。花淡绿色，单性，雌雄异株，雄株叫"花麻"，雌株叫"苴麻"。雄花序圆锥形，雄蕊5枚，花被5片；雌花序短穗状，花被退化，每花下被1苞片，膜质紧包子房，子房球状，花柱2个，瘦果扁卵形。

　　大麻原产于亚洲中部，现在遍及全球，有野生的，也有栽培。大麻有很多变种，是人类最早种植的植物之一。大麻的籽可榨油，茎、竿可制成纤维。

　　作为毒品的大麻主要是指矮小、多分枝的印度大麻。用它植株上部的叶片、花穗、果穗分泌的汁液，可制成大麻烟、大麻树脂、大麻油等毒品，其主要活性成分是四氢大麻酚（THC）。

大麻烟是大麻植物的干品，由大麻植株或植株部分晾干后压制而成，其中THC的含量为0.5%~5%。大麻树脂又叫大麻脂，是用大麻的果实和花顶部分经压搓后渗出的树脂制成，其THC的含量为2%~10%；大麻油是从大麻植物或是大麻树脂、大麻籽中提纯出来的液态物质，其THC的含量为10%~60%。

吸大麻烟对肺功能的影响非常大，是香烟的十倍。吸食过量可发生精神错乱、神志不清，大脑的注意力、记忆力、判断力和计算力减退，使人木讷、迟钝、记忆混乱。全世界约有10%的人口卷入了毒品的生产和消费中，每年因吸食过量死亡的人数高达10万人，因吸毒而丧失劳动能力的约有1 000万人。毒品不仅毁灭了吸毒者自己，还祸及家人，危害社会。

知识
全接触

很多人都痛恨毒品，认为一切都是毒品植物的错，其实这并不是它们的过错。对于医疗界来说，它们有重要的作用，对人类的贡献非常大。只是由于人们没有正确地利用它，才导致了世界上的毒品灾害。

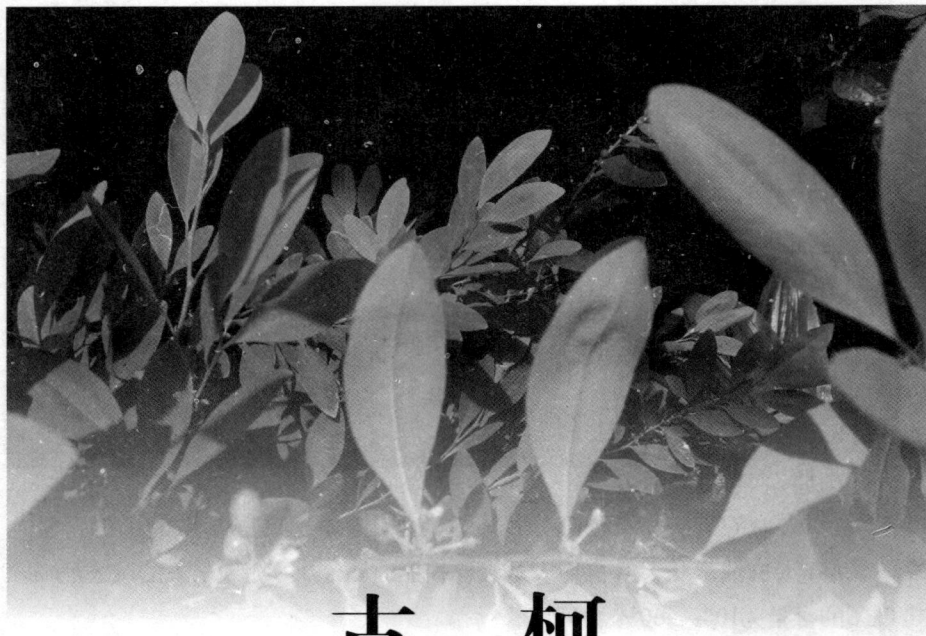

古 柯

古柯又称"古加""高卡""高根"，原产于秘鲁和南美洲安第斯山脉，之后传入亚洲，在印度尼西亚和斯里兰卡广为栽培。

古柯是双子叶植物纲蔷薇亚纲古柯科的植物，一般株高2.4米，叶呈卵形或长椭圆形，边缘光滑，味道像茶叶，花两性，较小，花瓣5片，呈淡黄白色，花序生于一短柄上，浆果为红色。古柯属约有200种。中国有引进栽培的古柯和野生种东方古柯2种。

早在5 000多年前人们就知道了古柯，当地的印第安人发现古柯叶可以提神、抗寒。于是就把它放入嘴中咀嚼，或将其放入烟斗中吸食，或与大麻混合后吸食，通常是借助吸烟的方式将其吸入。

1860年，德国化学家尼曼从古柯树叶中分离出古柯碱，属于中枢神经兴奋剂，可以提炼可卡因。1 000克的古柯叶浆可以提取90克可卡因。可卡因易溶于水，形态为白色结晶或无色结晶性粉末，医疗上可起局部麻醉作用。由于吸收后的毒性比较大，一般不作注射使用。

可卡因对人体有刺激作用，使人有兴奋感，往往会产生幻觉，长期使用会上瘾，并会使人心情忧郁、体重下降、脸色发白、失眠、呕吐和脉搏衰弱，最终会导致呼吸衰竭而死亡。

吸食可卡因不仅会害了自己，还会伤害他人。由于可卡因能对中枢神经系统产生很强的兴奋作用，因而吸入后会出现类偏执精神病，有嫉妒、妄想、迫害等症状，会无端地使用暴力。在吸食者眼中，所有的人对自己来说都是一种威胁，包括自己最亲近的人，从而进行所谓的报复，伤害他人，严重危害社会治安。

在1903年以前，可口可乐里也加入了可卡因，后来发现它的毒性较大，因此不再使用，而改加咖啡因。

麻　黄

　　麻黄属的植物是一种草本状小灌木，属于裸子植物，约有40种。植株矮小，一般高5～100厘米。多分布在亚洲、美洲、欧洲东南部及非洲北部的干旱荒漠地区。我国有12种及4变种，分布范围比较广，除长江下游及珠江流域各省区外，其他各省均有分布，以西藏、云南、四川等省区种类较多。全株作原料可合成冰毒、摇头丸等毒品。

冰毒，即兴奋剂甲基苯丙胺，由于其原料外观为纯白结晶体，晶莹剔透，因此被贩毒吸毒者称为"冰"。又因其毒性剧烈，人们便称之为"冰毒"。冰毒最早是由日本人发明的，第二次世界大战时，日本侵略者靠给士兵服用冰毒来提高战斗力。

甲基苯丙胺作为毒品使用时多为粉末，也有丸剂与液体。冰毒的滥用者多采用静脉注射方式吸食。他们采用静脉注射是为了感受一种短暂的强烈快感，这种体验对其求药行为起着正性强化作用。快感过后，就会出现抑郁、疲劳和激怒的症状，这是一种痛苦的体验，这种痛苦迫使滥用者再次用药。这种毒品使用方式，很容易导致精神病状态，表现出情感冲动、活动过度、妄想、野蛮、幻觉、偏执狂甚至有杀人倾向。这种状态过后，就会出现一种极度抑郁和衰竭状态，也有的冰毒滥用者因为严重抑郁而自杀。

芳香植物

女神的化身
——香蜂草

　　香蜂草又称"蜂香脂""薄荷香脂""蜜蜂花"，是唇形花科多年生草本植物，根茎短，地下茎分布非常广。茎秆呈方形并具分枝，而且分枝性很强，极易形成丛林。植株高30~60厘米，叶片宽卵形或心脏形，叶脉明显，茎及叶密布细绒毛，叶片着生于每一茎节上。开白色或淡黄色花。香蜂草的故乡在地中海沿岸，广泛分布于欧洲、中亚和北美，法国是其主要产地。

　　它非常耐寒，即使是0℃以下的低温，依然是绿油油的一片。它浅绿色的叶子非常漂亮，揉一揉会散发出柠檬的香味，会吸引蜜蜂聚集，这也是香蜂草名字的由来。

古希腊人认为香蜂草是月神与猎神阿尔忒弥斯的化身，因此将其作为古希腊祭祀的重要香草植物。

在古老欧洲教堂或寺庙周围，常栽种香蜂草，一来可以吸引蜂群采蜜制作蜂蜜，二来可作祭祀用。在欧美，冬季的香蜂草植株枯死，但其根为多年生，第二年春天能再展开叶片。

香蜂草的主要化学成分为沉香醇、柠檬醛、香茅醛、香叶醇、单宁、帖酸、聚合多酚类、类黄素及三帖等。香蜂草萃取的精油属高级香精原料，化学成分包括沉香醇、柠檬醛、香茅醛、薄荷烯酮、香叶醇及丁子香烯氧化物等。

我国民间传说在门口种植香蜂草可以避邪，欧洲人则认为香蜂草可以提升能量，赶走悲伤，让人变得快乐。11世纪时，阿拉伯的药剂师认为它具有使人的心灵和头脑变得快活的魔力。香蜂草清爽香甜的口感，适合在感冒及夏天流汗时饮用，可以促进消化，增进食欲。还可以用来取代柠檬调味，香蜂草有清香的柠檬味，却没有柠檬的酸劲，适合佐入各式各样的菜色及甜点。香蜂草还具有止痛的效果，可祛除腹痛、牙痛、头痛，还有调理呼吸系统疾病、稳定情绪的功效，并有助于治疗支气管炎以及消化系统疾病。

知识全接触

在希腊神话中，太阳神阿波罗降生的时候，天空光芒万丈。阿波罗眉心嵌着一个耀眼的太阳，出生后又牵出一只闪耀着银色光芒的细手，随即一个躯体诞生了，她全身闪耀着月亮的光芒。眉心嵌着一个耀眼的月亮，手里还拿着一把弓箭，弓箭闪闪发光，这就是月亮和狩猎女神阿尔忒弥斯。阿尔忒弥斯是宙斯和暗夜女神勒托的女儿，是太阳神阿波罗的孪生妹妹。她掌管狩猎，是野兽的保护神。她高贵美丽，皮肤白皙光滑、腰肢纤细、两腿修长，她的眼睛是所有女神中最美的，蓝色的眼睛如月光般清澈而灵动，长长的睫毛使得她的眼睛更显美丽动人，她的嘴巴小巧，嘴角带着一丝威严。给人一种像月亮一样不容易接近、高高在上的感觉，突显了她性格中的冷酷与孤傲。

香料之王
——檀香树

　　檀香树是檀香科檀香属常绿小乔木，树高10米左右，小枝细长。叶卵状披针形或卵状椭圆形，长3~7厘米，宽2~4厘米，背面略有白粉。花初开时为淡黄色，后慢慢变为紫褐色。核果为球形，成熟时呈紫黑色。原产印度、澳大利亚、马来西亚以及太平洋诸岛。

　　檀香树的生长过程，一点都不"光彩"，人们称它为"寄生虫""吸血鬼"。著名的檀香树为什么有这么不雅观的名称呢？原来，檀香树是一种半寄生性常绿乔木，它最大的特点是须根上长着无数个"吸盘"，这些"吸盘"紧紧地吸附在寄主植物上，从寄主那里掠夺无机盐、水分和其他营养物质。虽然檀香树的根系也从土壤中汲取营养，但是吸取的量很少，主要还是靠掠夺寄主植物的营养来维持生命。

　　檀香树对寄主植物的选择非常苛刻，主要选择凤凰树、洋金凤、相思树、红豆等豆科植物做寄主，并从它们的根瘤菌中吸取养料，供自己不断生长壮大。此外，檀香树的嫉妒心还很强，绝不容许寄主树比它长得高，比它长得好。如果寄主比它长得茂盛，过不了多久，它就会"含恨"而死。所以，在生长旺盛的寄主树下，通常长着几株垂头丧气、面黄肌瘦的檀香树。

　　引种栽培檀香树非常困难。很早的时候，华侨就从国外带回了檀香树的种子进行种植，但是由于种子含油量高，容易发霉变质，半年以上就丧失了发芽的能力，因此无数引种都以失败告终。经过植物学家多年的研究，到20世纪60年代终于引种成功。目前，我国的云南、广东、广西、福建等地都有

种植。由于檀香树具有与豆科植物相生相伴的特性，因此在培育檀香树苗的时候，就要种植一些它的寄主植物，等檀香树苗长到一定高度，再把它移植到寄主植物旁边。如果寄主植物死了，要及时捕虫，否则檀香树必死无疑。

素有香料之王美誉的檀香，历来备受人们推崇。从印度到埃及、希腊、罗马的贸易路线上，常常见到载满檀香的篷车。由于檀香具有防蚁功能，因此古代的许多庙宇和家居用品，都是用檀香木制成。

我国进口檀香的历史悠久，已有1 000多年，当时檀香木伴随着佛教传入我国，是敬献佛祖的贵重香料。香客们为了表达对佛的虔诚，不惜高价购买这种点燃后有异常芳香的小块檀木，以作敬香之用。

北京的雍和宫有一座用檀香木雕刻的高26米、直径3米的巨佛像。它是西藏七世达赖喇嘛为感谢清朝中央政府为他平息了叛乱，花费重金从尼泊尔购得一株巨大的檀香树，动用了上万名农奴，花费3年时间运到京城，并聘请能工巧匠雕琢而成的艺术珍品。

1987年，江苏淮安县出土的明代王镇夫妇合葬墓中，有一令人惊奇的现象，王镇的尸体仍然完好无损，而夫人仅存骸骨了，同样模式的墓坑和棺椁，尸体怎么会有这么大的区别呢？原来王镇的棺材是用檀香木制成的，而夫人的不是。由此可以看出，檀香木的耐腐性极强。

檀香木还可蒸馏提取精油，檀香油在医药上有广泛用途，具有收敛、清凉、滋补、强心等功效，可用来治疗膀胱炎、胆汁病、淋病以及发烧、腹痛、呕吐等病症。檀香油又是制造高级化妆品、香水、香皂的重要原料。

知识全接触

杭州的檀香扇驰名中外，它就是用檀香木制成的。轻轻一摇，清香四溢，而且保存多年香味都不会散尽，只要扇还在，香味就不会消失。把扇子放入衣柜，还能防虫蚁。

天然的香水树
——依兰香

　　依兰香又名"香水树"，是番荔枝科常绿大乔木。树高10～20米，枝稍下垂。花较大，长达8厘米，形状像鹰爪，下垂，初开的时候是绿色，慢慢会转化为黄色，具有浓郁的芳香气味，是珍贵的香料工业原材料。用它提炼而成的"依兰"香料是当今世界上最名贵的天然高级香料和高级定香剂，所以人们称之为"天然的香水树""世界香花冠军"。

　　叶呈长卵圆形，先端尖，基部圆，边缘呈微波状，叶柄短。果实长卵圆形或卵圆形，紫黑色。内含3～12粒种子，种子扁圆形，褐色，每年的12月到第二年的3月成熟。依兰香用种子繁殖，喜高温潮湿的环境，以年雨量1 800～2 000毫米、年均温22℃～25℃、微酸性砂壤土为宜。苗高1米时定植，植距7～8米。种后2～3年开始开花，10年后进入盛产期。产花期很长，长达25～50年。为了方便采花，生产上多采用截顶矮化栽

培。依兰香原产于东南亚的缅甸、马来西亚、印度尼西亚、菲律宾等地，现广泛分布于世界各热带地区，我国四川、云南、福建、广东、广西、台湾等地有栽培，但在国内首次发现它却非常偶然。

20世纪60年代，植物学家在云南省西双版纳勐腊县调查植物，当时正值5月，百花盛开。一天，他们刚走到边境上一个傣族寨子的寨门时，迎面扑来一股浓烈的香味，走进寨子，感觉整个寨子都弥漫着花香，调查队员都觉得好奇，于是开始寻找，结果发现几乎每幢竹楼旁都种有几株开满黄绿色花朵的大树，捡起花瓣闻一下，非常香。还发现寨子的姑娘们把这种花穿成串，戴在头上。虔诚的佛教信徒们还把香花放在圣洁的水里，敬献在佛的面前。植物学家采集了这种植物的标本，查阅大量资料后确定这就是闻名世界的依兰香。

依兰香的发现引起了香料厂家的重视，随后便大面积种植，并且在西双版纳建立了依兰香基地。目前，市场上用依兰香加工而成的洗涤品、化妆品层出不穷，而且非常畅销，供不应求。

芳香原料
——薰衣草

　　薰衣草是唇形科薰衣草属多年生草本或小矮灌木,同薄荷、留兰香是同一个家族。虽然称为草,其实是一种蓝色小花。薰衣草的茎秆直立,多分枝,植株高40~80厘米。全株带有淡淡的香气,因茎、叶和花上的绒毛均藏有油腺,只要轻轻触碰,油腺就会破裂而释放出香气。

　　薰衣草定植后第二年开始开花,一年开两次,第一次在5月中旬,花期在2个月左右;第二次开花在8月中旬,花期长达3个月。第三到第六年一株能抽出花序1 000多个,为盛花期。盛花期内,在一天中,正午前后3小时薰衣草的含油率最高,晴天的早晨、傍晚和阴天的含油率最低,因此采花炼油需要抓住时机。将薰衣草的整花穗剪下,然后及时用水蒸气蒸馏,就能获得一种微黄色透明或无色的油状液体。每50千克鲜花,可以提取1千克薰衣草油,它可以治疗疝痛、气胀等症。

　　目前,世界上栽种的薰衣草有原生薰衣草、混种薰衣草和长穗薰衣草三个品种,由于混种薰衣草的适应性强,产油量高,因此种植最多。法国是世界上出产薰衣草油最多的国家,法国南部普罗旺斯的薰衣草田景观非常有名。那里气候

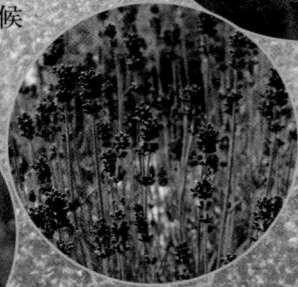

适宜，土壤疏松肥沃，环境得天独厚，薰衣草长得欣欣向荣。

新疆的天山北麓，气候条件和土壤条件与普罗旺斯非常相似，适合薰衣草生长，是中国的薰衣草之乡。薰衣草通常在6月开花，在开花季节，风吹起时，一整片的薰衣草田就像深紫色的波浪，层层叠叠上下起伏，非常美丽。

薰衣草是名贵香料，它芳香馥郁，清香持久，令人心旷神怡，是公认的最有舒缓、镇静、催眠作用的植物。薰衣草为什么会有芬芳的香味呢？原来，它的花瓣内含有油细胞，油细胞内含有芳香油，当花儿开放的时候，芳香油就会不断挥发，发出阵阵香气。薰衣草油里含有芳樟酯、醇等30多种有机化合物，这些物质都有自己独特的味道，薰衣草的种类不同，含有的芳香油成分也不一样，因此味道也就有浓有淡了。

中世纪时，薰衣草还被人们视为爱情的化身，象征着天真与纯洁。薰衣草常被用来作为美容和消炎的用品，如把新鲜的薰衣草浸入热水中用来蒸脸，有均衡油脂分泌、消炎、抗炎的功效。

有香味的淡紫色花和花蕾可以做香包和香罐。把干燥的花密封在袋子里，然后放在衣柜内，不仅能使衣服带有香味，还可以防虫蛀。薰衣草的商业栽培，主要是为了取得薰衣草的花来提取精油，薰衣草精油可以作为芳香疗法时使用的香精油和杀菌剂。薰衣草还是制造香水、冷霜、香皂、爽身粉、发蜡、清凉油、花露水、空气清洁剂等的芳香原料。

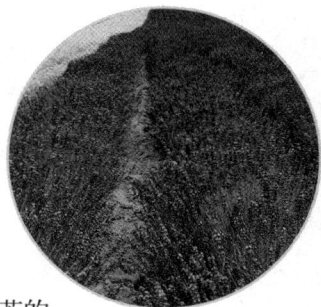

知识全接触

西班牙妇女喜欢用薰衣草来熏她们洗干净了的衣服，因此，在西班牙语中薰衣草是"洗衣妇"的意思。

薰衣草的花语是等待爱情，只要用力呼吸，就能看到奇迹。

食品香料之王
——香荚兰

说到冰激凌、巧克力，很多人都垂涎欲滴，被它们那诱人的香气所陶醉。可是你知道那沁人心脾的香气来自何物吗？这还得从香荚兰讲起。

香荚兰又称"香草兰""香子兰""香果兰""扁叶香草兰"，是兰科香荚兰属藤本植物。茎肥厚，每节生一条气生根和一片叶；叶肉质，扁平，较大；总状花序生于叶腋；果实为肉质荚果状，称为"豆荚"。种植1年后部分植株开始开花结荚，2年后全面开花结荚。从开花到荚果成熟，需要1年的时间。

香荚兰的故乡在非洲马达加斯加热带雨林，直到18世纪才被发掘利用，是热带雨林中一种典型的大型兰科香料植物，据科学分析，香荚兰果荚含有香草精以及醇类、羧基化合物、碳烃化合物、酸类、酚类、酯类、酚醚类和杂环化合物等成分。由于它具有特殊的香型，广泛用作高级名酒、香烟、咖啡、奶油、可可、巧克力等高档食品的调香原料。有"食品香料之王"的美称，是各国消费者最为喜欢的一种天然食用香料，在我国，香荚兰名列"五兰"之首（香荚兰、米籽兰、依兰、白兰、黄兰）。

全世界约有100种香荚兰（其中热带属约50种）。有800多个品种，但有栽培价值的，只有3个品种。栽培最多、品质最好的是墨西哥香荚兰。一般种植2.5~3年就开始开花结果，6~7年进入盛果期，经济寿命在10年左右。目前，香荚兰的产地主要集中在墨西哥、科摩罗群岛、马达加斯加、留尼汪、印度尼西亚等热带海洋地区，毛里求斯、塞舌尔、斯里兰卡、波多黎各、乌干达、塔希提、汤加、印度等地也有少量栽培。随着世界经济和人们生活水平的不断提高，香荚兰的需求量越来越大，价格也直线上升。在美国市场上，香荚兰果荚的价格每千克高达90美元，而且行情仍然看涨。

1960年，我国从印度尼西亚引进香荚兰，并由福建省亚热带植物研究所在室内试种获得成功。由于香荚兰是高档食品不可缺少的调香原料，而且价格很高，我国已将香荚兰列为重点攻关项目。目前，我国广东、广西、云南等地均有种植，其中西双版纳发展最快，而且长势良好。在不久的将来，西双版纳将成为我国香荚兰的主要产区。

知识全接触

香荚兰也可作药用，其果荚有兴奋和滋补作用，具有补脑、驱风、强心、解毒、健胃、增强肌肉力量的功效，可作芳香型神经系统兴奋剂和补肾药，用来治疗忧郁症、癔病、虚热和风湿病。

芳香蔬菜——罗勒

罗勒又称"兰香""九层塔""金不换""甜罗勒"和"圣约瑟夫草",是唇形科罗勒属草本植物。原产地在印度、西亚等地,印度人视其为神圣的香草,是天神赐给人类的恩典。在法庭上发誓时,必须以它为誓。印度人还认为佩戴罗勒叶片可以辟邪。

罗勒的故乡在亚洲的热带地区,现在欧洲、太平洋群岛、亚洲、北非等地都有生长。我国的罗勒是由印度引进的,罗勒为印度语的音译,我国台湾品种的气味和丁香差不多,主要有红茎和绿茎两种。

罗勒是一个庞大的家族。目前已上市的品种有圣罗勒、甜罗勒、绿罗勒、紫罗勒、密生罗勒、柠檬罗勒、矮生紫罗勒等。

罗勒全草具有芳香。植株高20~60厘米,呈绿色,有时呈紫色;茎呈纯四棱形;叶子对生,呈椭圆尖状,淡绿色,长有细毛,长1.5~7.5厘米,宽1.3厘米,全缘或略有锯齿;开白色或浅红色小花;果实为小坚果;种子小而黑,呈卵圆形。喜温暖湿润的环境,耐干旱,不耐涝,耐热不耐寒,对土壤的要求不高,但要想获得高产

优质的产品，宜选择干燥平坦、土质肥沃、排水良好的土壤种植。

罗勒还可以作为药用，可健胃，利尿强心，促进消化，刺激子宫，促进分娩。中医称罗勒的种子为光明子，因为服用后可治疗眼科性疼痛。在中国，它作为佩兰、零陵香的代用药出现在市场上。从叶中提取的精油为黄绿色，成分为芳樟醇、甲基黑椒酚、桉叶油素等。热带地区也用以消除体臭、衣类防虫等。

罗勒的幼茎、叶具有香气，可以作为芳香蔬菜放在沙拉和肉的料理中使用。在开花的季节，采收后干燥，然后制成粉末储藏起来，可以随时作为香料使用。罗勒非常适合与番茄搭配，无论是做菜、做酱，还是做汤，都有独特的风味。可以用来做意粉酱、比萨饼、番茄汁和香肠的调料。罗勒还可以和百里香、牛至混合使用加在热狗、调味汁或比萨酱里，味道十分醇厚。很多意大利厨师常用罗勒来代替比萨草。

知识全接触

几世纪前的亚洲，罗勒被人们视为老天赐给世人的礼物，非常神圣。每到罗勒收获的季节，人们都会举行神圣的仪式来庆祝。据说，那时如果有人踏在罗勒田里，这个人就会被众人践踏至死。

芳香蔬菜
——芫荽

芫荽最早叫"胡荽"，原产于地中海沿岸及中亚地区。公元前119年，汉代张骞从西域引进，在我国栽培历史悠久，已有2 000多年。后赵时，石勒做皇帝，"讳胡，故晋汾人呼胡荽为香荽"。因此，山西一带称之为"香菜"，河南称为"芫荽"，而南方仍称"胡荽""芫荽"或"香菜"。

芫荽是伞形科1年或2年生草本植物。芫荽高20～60厘米，全株光滑无毛，散发浓烈香气。茎直立，有条纹。根细长，圆锥形。它经常被用作菜肴的提味、点缀之品，是人们喜爱的食用蔬菜之一。中国各地均有栽培，以华北地区最多。

每100克芫荽含碳水化合物6.9克、蛋白质2克、钙170毫克、脂肪0.3克、铁5.6毫克、磷49毫克、维生素C 41毫克、胡萝卜素3.77毫克以及核黄素、硫胺素、烟酸等。此外还含有右旋甘露醇、黄酮苷、挥发油等。

芫荽的鲜叶和嫩茎的特殊香味，是挥发油散发出来

的。它能清除肉类的腥膻味，因此，在一些菜肴中加少许芫荽，能起到去腥增味的功效。如做鱼的时候放些香菜，鱼腥味就会淡化很多。

由于芫荽具有特殊的芳香，很少生虫害，一般不用喷洒农药，所以不用担心杀虫剂污染。但是由于植株密集生长，人们常用人畜粪尿浇灌，所以病毒、细菌及寄生虫卵等病原体污染非常严重，因此，最好不要生吃芫荽。如果要生吃，只用自来水清洗是不安全的，必须用清毒剂（如二氧化氯等）溶液浸泡后才能生吃。

据《本草纲目》记载："芫荽性味辛温香窜，内通心脾，外达四肢。"在实际生活中，它也是名不虚传，确实具有祛风解毒、芳香健胃、利大肠、利尿、消食下气、壮阳助兴等功效，还能促进血液循环，治疗感冒。

中国调料
——花椒

花椒又称"香椒""红椒""山椒""青椒""狗椒""大花椒""青花椒""红花椒""大红袍",为芸香科落叶灌木或小乔木。高3~7米,茎秆通常有增大皮刺,枝灰褐色或灰色,有斜向上生的皮刺。小叶5~11片,卵形、椭圆至广卵形,长1.5~7厘米,宽0.8~3厘米,边缘有细圆锯齿,叶轴具狭翅,下面生有向上生的小皮刺。开白色或淡黄色花,花被片4~8个,雌花心皮4~6片,雄花雄蕊5~7个,花期3~5月,果期7~10月。果球形,颜色多为青色、红色、紫红色、紫黑色,密生疣状凸起的油点。种子呈卵形,长3~4毫米,直径2~3毫米,表面黑色,有光泽。味微甜而辛。

花椒喜欢温暖湿润的环境,对土壤的要求不严格,土层深厚肥沃的壤土、沙壤土最适宜它生长。抗病能力强,耐寒,耐旱,但不耐涝,短期积水就会导致死亡。

花椒气味芳香,是中国特有的香料,有"中国调料"之称。花椒位列调料"十三香"之首,可以除去各种肉类的腥膻

臭味，改变口感，能促进唾液分泌，增加食欲，因此备受家庭主妇和职业厨师的青睐，特别是川菜，使用花椒最为广泛。无论是卤味、红烧、小菜、四川泡菜、鸡鸭鱼肉等菜肴均能用到它，也可以做成椒盐，磨成粉和盐拌均匀，供蘸食用。

花椒含枯醇、柠檬烯、植物甾醇、不饱和有机酸等成分，性温，味辛。中医认为，花椒有温中散寒、芳香健胃、杀虫解毒、除湿止痛、止痒解腥的功效。用于呕吐泄泻、脘腹冷痛、虫积腹痛、蛔虫症；外治湿疹瘙痒。服用花椒水可以驱除寄生虫。日本医学研究发现，花椒能使血管扩张，从而能起到降低血压的作用。

花椒产业已成为重庆市江津农业经济的支柱产业，目前，江津花椒种植面积高达3.3万公顷，并且每年以0.67万公顷的速度递增，2005年江津产出9 000万千克鲜花椒，实现产值4.8亿元，花椒生产规模已居全国之首。在我国，江津花椒面积最大、产量最高、品牌最响，居四大花椒品牌之冠。

八　角

　　八角又称"茴香"、"大料""八角茴香""大茴香"，是八角茴香科八角属常绿乔木。树高可达20米，树冠塔形、圆锥形或椭圆形。树皮灰色至红褐色。枝密集，呈水平伸展。单叶互生，披针形至长椭圆形，长5～12厘米，宽1.5～5厘米。先端短，渐尖或聚尖，基部渐狭或楔形，在阳光下可见密布透明的油点。花在春节开放，粉红色至深红色，长圆形

或阔卵圆形。聚合果排成星芒状，直径2.5～3.5厘米，红褐色。每年开花、结果各两次，春果在1～2月成熟，秋果在8～9月成熟，以秋果为主。种子扁球形，红棕色或灰棕色，气味香甜，有光泽。

八角生长在亚热带湿暖的山谷中，主要分布在广东、广西、福建、贵州、云南等省。浙江、台湾等省也有栽培。

八角果实为调味料，枝、叶、果经蒸馏可得到挥发性茴香油，是一种重要的芳香油。1982年，广西八角的栽培面积达3.6万公顷，年产量400万～640万千克。常年出口茴香油20万千克，八角150万～200万千克。世界茴香油销售量达50万千克，干八角300万～400万千克。中国广西的"天宝"茴香油闻名中外。

八角的果实与种子还可入药，具有强烈香味，有驱虫、健胃止呕、温中理气、温阳散寒、兴奋神经等功效，用于治疗寒呕逆，肾虚腰痛，寒疝腹痛，干、湿脚气等症。还可做工业上香水、香皂、牙膏、化妆品等的原料。

经济植物

橡胶树

橡胶树是一种热带植物，树高可达20米，树皮为灰白色，韧皮部有很多肉眼看不清的乳管，乳管内贮藏着白色的胶乳，割开树皮，胶乳依靠乳管本身及其周围薄壁细胞的膨压作用，就会不断地流出来。

人们一般都在清晨割橡胶，因为清晨的时候，橡胶树经过一夜的休整，到了清晨体内的水分处于饱满的状态，此时的细胞膨压作用最大，橡胶的产量最高。等到太阳升起后，橡胶树开始进行光合作用，叶片上的气孔开放，水分逐渐蒸腾，体内的膨压作用便渐渐降低，橡胶的产量也随之降低。据统计，假设

早晨7点以前，橡胶的产量为100%的话，那么到8~9点时，橡胶的产量下降为94%，10~11点时，橡胶的产量下降为82%。

橡胶树叶有长柄，叶柄顶端生有3片长椭圆形的小叶，叶长10~25厘米，宽4~10厘米。喜高湿、高温、降水均匀和风力较小的环境，最适宜生长在年平均气温21℃~24℃、年降雨量1 500~2 500毫米、空气湿度较大、雨量分布均匀的环境中。一般在气温18℃以上时正常生长，15℃以下停止生长，5℃以下即受寒害。

橡胶树在全世界的热带地区普遍栽培，传到我国海南已有70多年的历史，目前在广东、广西、福建、台湾和云南都有试种。在广东附近栽培，虽然有时候可以越冬，但是一旦遇到特大寒潮，地上部分常被冻枯，甚至整株死亡。

天然橡胶有很强的弹性、良好的绝缘性、隔水性、隔气性、可塑性、耐磨和抗拉等特点，被广泛地应用于交通、国防、工业、医药卫生领域和日常生活等方面。橡胶的果壳可制优质纤维。种子榨的油是制造油漆和肥皂的原料。木材质轻，加工性能好，花纹美观，经化学处理后可制作高级家具、胶合板、纤维板、纸浆等。

随着我国现代化建设的迅速发展，社会对橡胶的需求量与日俱增。因此，积极种植橡胶树，大力发展橡胶生产，意义重大。

知识全接触

橡胶树的树叶和种子有毒，尤其是种子，小孩如果误食2~6粒即可引起中毒，中毒症状为头晕、呕吐、恶心、四肢无力，严重时出现抽搐、昏迷和休克。

咖　啡

　　咖啡原产于非洲，是茜草科的常绿灌木或小乔木，叶呈长卵形，为革质，开白色花。咖啡有很多变种，每一变种都同一定的海拔高度和特定的气候条件有关。野生咖啡树是常绿灌木，高3~3.5米，分枝上有白色小花，具有茉莉花的香味。果实红色，长1.5~1.8厘米，内有相邻排列的两粒种子，每粒种子外均包有内果皮和表膜。咖啡果实成熟以后，除去果皮及大部分种皮所得的种子称为咖啡豆或生咖啡。生咖啡经焙炒后研细得咖啡粉，即可制作饮料。咖啡是世界三大饮料之一。

　　关于咖啡的起源有很多传说，但是最广为流传的就是牧羊人的故事了。据说有一位牧羊人，他在放羊的时候，偶然发现他的羊异常兴奋，乱蹦乱跳。这是怎么回事呢？经过他仔细观察后发现，原来是因为羊吃了一种红色果子。于是他就摘了一些这样的果子回家煮，煮过后发现满屋子充满芳香的味道，他把熬好的汁液喝下去以后，感觉神清气爽，精神振奋，从此以后，人们就把这种果实作为一种提神醒脑的饮料了。

　　目前，全世界的咖啡豆主要有3个品种：阿拉比卡、罗巴斯塔及利比里亚。

　　阿拉比卡咖啡树的故乡在埃塞俄比亚，其咖啡豆产量占全世界产量的70%。世界著名的摩卡咖啡、蓝山咖啡等，全都是阿拉比卡种。该种的咖啡树适合生长在昼夜温差大的高山，理想的海拔高度为500~2 000米，海

拔越高，质量就越好。但是这种咖啡树抗病虫害的能力差，较其他两种难种。

罗巴斯塔咖啡树的故乡在非洲的刚果，其产量约占全世界产量的20%～30%。该种咖啡树适合种植在海拔500米以下的低地。对环境的适应性比较强，能够抗拒病虫害，抵抗恶劣的气候。除草、减枝的时候也不需要太多的照顾，是一种很容易栽培的咖啡树。但是味道比阿拉比卡种苦，质量也差很多，所以它大多数用来制造即溶咖啡。一般速食店里的咖啡，就是采用罗巴斯塔种咖啡豆为材料。

利比里亚咖啡树的故乡在非洲的利比里亚，它的栽培历史没有其他两种长，所以栽种的地方仅限于利比里亚、圭亚那、苏里南等少数几个地方，因此产量很低，不到全世界产量的5%。利比里亚咖啡树适合生长在低地，所产的咖啡豆具有很浓的苦味和香味。

巴西为世界上最大的咖啡生产国和出口国。中国先后从埃塞俄比亚等地引种小果咖啡、中果咖啡和大果咖啡三种，栽培于云南、海南和台湾。

知识全接触

咖啡除饮用外，还可提取咖啡碱，用做利尿剂、强心剂和麻醉剂。它的果肉含有糖分，可以做饲料或制酒精。

向日葵

向日葵是1年生草本植物，高1~3米。茎粗壮，直立，圆形多棱角。叶子呈心状卵形或卵圆形，边缘具粗锯齿，两面粗糙，被毛。夏季开花，花序边缘生黄色的舌状花，但不结实。花序中部为紫色或棕色两性的管状花，结倒卵形或卵状长圆形果实，果皮木质化，黑色或灰色，俗称"葵花子"。

向日葵起源于北美洲，16世纪初，西班牙人在墨西哥和秘鲁发现了成片生长的向日葵，认为是"上帝创造的神花"，于是把它带回欧洲栽培。到17世纪时，几乎整个欧洲都种植了向日葵，主要用于观赏。1716年，英国人布尼安首次成功从向日葵种子中提取出油脂。1769年，向日葵种子开始用于榨油。19世纪中叶，人们开始大面积种植向日葵，用于榨油。其中，前苏

联向日葵油产量第一，美国第二。由此可见，向日葵已不再仅仅用于观赏，它还有巨大的经济价值。

　　向日葵油为半干性油，气味芳香，油质优良，既可作为食用油、色拉油、人造奶油食用，又可作为制造印刷油、油漆、肥皂、润滑油、合成橡胶、蜡烛等工业品的原料。葵花子含油量高，营养丰富，营养成分为糖类5.8%、脂肪5.86%、蛋白质23.8%，另外还含有铁、锌、钙、磷、钾等矿物质。

　　向日葵除了给我们带来可口的瓜子，还为人类的经济发展做出了巨大贡献。正因为如此，我们往往忽视了它的药用价值。向日葵的各个部分都有奇特的药用功能：向日葵花具有清肝明目的作用；花盘有化痰止咳的功效；

叶子有清热解毒的功能；茎有平喘、清热的功能；根可以治疮疖红肿、跌打损伤；葵花子能增强胃肠黏膜功能，降低胃内酸度，保持皮肤营养滋润，抗菌消炎；葵花蜜能增强机体免疫能力，还有扩张血管与降压的作用。

"更无柳絮因风起，唯有葵花向日倾"的向日葵，向往光明，给人带来美好的希望，是俄罗斯的国花。关于向日葵，还有一个美丽的传说。古代有一位憨厚的农夫，农夫有个女儿名叫拉姑，拉姑非常乖巧，也很漂亮，就是这样一位好姑娘，却被后娘看作眼中钉，受到百般虐待。有一次她惹怒了后娘，后娘用鞭子抽打她时，却失手打到前来劝解的亲生女儿身上，后娘又气又恨，在夜里拉姑睡着了的时候挖了她的双眼。拉姑疼痛难忍，破门出逃，不久便死去，死后她的坟上开出一盘鲜艳的黄花，整日面向阳光，它就是向日葵，表明拉姑厌恶黑暗，向往光明。这个传说激励人们勇于抵抗暴力，追求光明。

知识全接触

在古希腊神话中，美丽多情的水精灵克来获雅非常喜欢太阳神阿波罗，但阿波罗总是匆匆从她身边走过，从不曾驻足。克来获雅非常伤心，于是就以泪水代茶，以露水充饥，始终不肯离去，希望有一天阿波罗能注意到她。克来获雅等待了9天9夜，慢慢变成了一株植物，四肢变成了根，脸蛋变成了花，身体变成了枝叶。容貌虽然改变了，但是心却没有变，每天对着太阳，持续着她的爱慕之情。这朵痴情的花就是今天的向日葵，也被称为"太阳花"。

小　麦

　　小麦是禾本科小麦属1年生或越年生草本，茎直立，中空，具4~7节；叶片绿色，长线形；穗状花序直立，穗轴延续而不折断。子实椭圆形，腹面有沟，供制面粉，是我国主要粮食作物之一。

　　我国种植小麦的历史悠久，已有4 000~5 000年。最早种植的是春小麦，也就是春播小麦，春季播种，夏秋成熟，一般一年只种一次。到了春秋时代，才开始种植冬小麦，也称秋播小麦，秋季播种，第二年夏初成熟。冬小麦可以在寒冷的冬天生长，能充分利用冬季和春季的水、光等自然资源，并与其他春播或夏播作物配合，轮作倒茬，提高了单位土地面

积的粮食产量。

　　小麦富含蛋白质、淀粉、矿物质、脂肪、铁、钙、核黄素、硫胺素、烟酸及维生素A等。因品种和环境条件不同，营养成分也有很大差别。从蛋白质的含量看，生长在潮湿条件下的麦粒含蛋白质8%~10%，麦粒软，面筋差；生于大陆性干旱气候区的麦粒含蛋白质较高，达14%~20%，质硬而透明，面筋强而有弹性。可见地理气候对产物形成过程的影响是非常重要的。面粉除可供人类直接食用外，少部分还用来生产面筋、酒精、淀粉等，加工后的副产品也可作为牲畜的优质饲料。

　　小麦的世界种植面积和产量，在栽培谷物中居首位，其中普通小麦种植面积占全世界小麦总面积的90%以上；硬粒小麦的播种面积约为总面积的6%~7%。生产小麦最多的国家有美国、俄罗斯、加拿大和阿根廷等。

水　稻

　　在我国种植的粮食作物中，水稻居第一位。水稻是1年生禾本植物，高约1.2米，圆锥花序由很多小穗组成。所结的子实就是稻谷，去壳后称为"大米"。大米是全世界一半以上人口的主食。

　　我国栽培水稻的面积非常广阔，从东部的台湾到西部的新疆、西藏，从南海诸岛到东北的松辽平原，都能看到水稻的踪影。

　　我国种植的水稻主要有粳稻和籼稻两大类。粳稻去壳后得到的米叫"粳米"，粳米黏性比较强，米粒圆短，碎米很少，又被称为"好米"；籼稻去壳后得到的米叫"籼米"，籼米的质量比较差，碎米多，北方人称它为"机米"。但是相比之下，籼米的分蘖力强，耐贫瘠的田土，出米多。因此，我国南方大部分水稻产区还是以种植籼稻为主。

　　碾米所得的副产品包括磨得很细的米糠粉、米糠和从米糠中提出的淀粉，均可用作饲料；碎米可以用于提取酒精、酿

酒和制造淀粉及米粉；稻壳可做填料、燃料、抛光剂，可用于制造肥料和糠醛；稻草用作覆盖屋顶的材料、包装材料、饲料、牲畜垫草，还可制席垫、服装和扫帚等。

水稻并不是水生植物，它起源于沼泽，沼泽的环境变化多端，时而干旱少水，时而淹水缺氧。由于长期适应这种特殊的环境，形成了水稻古怪的"脾

气"——既要生活在水里，又怕涝。水稻也怕涝，这是怎么回事呢？原来，在水稻的一生中，不同时期对水有不同的要求。小苗时，根系正在不断成长，迫切需要氧气，因此要常常晒田，使田土干燥，让小苗的根系得到充足的氧气。小苗一天天长大，对水的要求逐渐增加，但也不能长期浸在水里，否则会涝死。

经过长期的实践，人们总结出了水稻的灌溉原则：寸水返青，浅水分蘖，苗够晒田，后期间歇灌溉，干干湿湿，湿润到老。

棉 花

棉花不是花，属于锦葵科棉属，是世界上仅有的由种子生产纤维的农作物。棉花植物开粉红色或乳白色花。棉花植物开花后，结出桃形的果实，但是个头要比桃子小。我们平常所说的棉花是果实成熟时裂开翻出的果子内部的纤维。

棉花原产于高温干旱的热带和亚热带地区，是多年生木本植物。后来被引种到了温带地区，经过长期的驯化，逐渐演变成了现在的一年生作物。棉花茎直立,营养枝在基部,结果枝在上部。花会变颜色,刚开的时候是白色,慢慢变成黄色,午后变为红色,第二天变为紫色,快要凋谢的时候是灰褐色。蒴果很像桃子,因此人们称其为棉桃。棉桃成熟开裂,吐絮似雪,中间有种子。加工成皮棉以后,用于纺纱织布。

棉花属于喜温作物,结果期间除了需要较高的温度,还需要较多的水,但耐旱性较好,怕渍涝。从棉花的生长习性来看,属于无限生长,生殖生长与营养生长有很长一段时间同时并进,全生育期较长。

公元前5 000~4 000年的印度河流域最早开始种植棉花,后来棉纺织技术传到了地中海地区。公元前一世纪时,精美的细棉布被阿拉伯商人带到了西班牙和意大利。大约在9世纪时候,棉花的种植方法被摩尔人传到了西班牙。15世纪时,英国出现了棉花,随后传入了英国在北美的殖民地。16世纪,西班牙进入墨西哥南部和尤卡坦半岛时,发现当地的棉花种植业已经很发达了。岛上的居民将彩色棉制成土布,做成服装。

中世纪 (476~1453) 时，棉花是欧洲北部重要的进口物资，那里的人们听说棉花是种出来的以后，都海阔天空地想象起来。因为自古以来，他们都习惯从羊身上取得羊毛，所以他们以为棉花是一种很特殊的羊，这种羊可以从树上长出来，因此，德语里的棉花直译是"树羊毛"。

国外称人类衣料之源的棉花为"太阳的孩子"。棉花一般是白色的，经过染色才能织出各种颜色的花布。最近秘鲁发现了一种具有灰色、米色、白色、紫色、褐色等五种天然颜色的棉花品种。苏联科学家用杂交的方法培育出了绿、红、黄、蓝等20多种有色棉花。如果有色棉花大量种植，就可以不用染色而直接织出各种颜色的花布。

棉花的绒毛除纺纱以外，还是制造塑料、炸药和药棉的重要原料；种子仁可榨油，棉茎韧皮纤维可造纸和制绳；棉花的根皮还可入药，有镇静、强身的功效。